新物理学選書

スピングラス理論と情報統計力学

新物理学選書

スピングラス理論と情報統計力学

Spin Glass Theory and Statistical Mechanics of Information

西森秀稔 著

Hidetoshi Nishimori

岩波書店

まえがき

スピングラスの理論は，そもそもの目的であったスピングラス磁性の解明という枠をはるかに越えた広がりを見せている．多様性と安定性が共存する系としては初めて，系統的かつ厳密な数理的解析が可能になり，その成果は私たちの自然に対する認識様式に新たな地平を開いた．また，その解析的な取り扱いの枠組みは自然現象のみならず，情報科学的あるいは数理工学的な諸課題への新たな足がかりとして確固たる地位を築きつつある．

本書の主要な目的のひとつは，このようなスピングラス理論の発展の中で，誤り訂正符号や画像修復，ニューラルネットワーク，最適化問題といった情報科学ないし数理工学に関連した話題における最近の進展を紹介することにある．特にレプリカ法を軸として，いくつかの学問分野を包摂する統一的な視点を提供することを目指している．したがってスピングラスやニューラルネットなど個別の問題についての包括的な解説ではない．そのため，これらの分野の骨組みを作っている理論であっても触れていないものが多数あることをまずお断りしておく．

さて，上述のような趣旨からすると本書が狭い意味での物理の本かどうかに疑問を持つ人がいるかもしれない．しかし,「人工的な条件下で実施される実験を説明する論理体系を，できるだけ少数の基本原理から構築する」といういわば 20 世紀型の物理には必ずしもとらわれずに，より広い世界に発想を飛躍させていく研究が大きな流れとなる時代がそこまで来ているのではないだろうか．これは別の見方をすれば，物理の方法がそれだけ普遍性を持っているということでもある．

本書の内容は 2 つに大別される．前半はスピングラスの理論である．まず第 1 章で相転移理論についての導入的な解説をする．学部程度の統計力学の知識を仮定している．スピングラスの理論については，第 2 章から第 4 章で述べてある．レプリカ法を使った標準的な平均場理論を第 2 章と第 3 章で展開したあと，ゲージ対称性を用いた議論を第4章で紹介する．第4章まででスピングラス理論の現状を網羅的に紹介しているわけではもちろんない．例えば，急速に研究が進みつつある3次元系の問題や動的な性質については本書の趣旨からは外れるので割愛した．これらについては巻末の参考文献を参照されたい．

第5章以後では情報科学ないし数理工学に関連した諸課題への統計力学からのアプローチについて述べる．誤り訂正符号と画像修復の解説が第5章および第6章である．続いてニューラルネットワークについて第7章と第8章で述べたあと，第9章で最適化問題の話題に触れる．スピングラス理論の応用の形で定式化されているテーマが多いが，独自の手法を用いている部分もある．第5章から第9章までの各テーマについても，長い歴史に基づく膨大な知識の蓄積があるが，本書はその一端を統計力学の視点から切り出したものである．さらに深い理解を得たい読者は，参考文献を手がかりに勉強を進めてほしい．

なお，主に第5章以後に興味を持つ読者は，第3章と第4章を飛ばしてもひと通りは読み進める．しかしながら，レプリカ対称性の破れについての導入部(3.1節の最初の部分と3.2節)とゲージ理論の主要部分(4.1-4.3節)に目を通しておくと，理解がより深まるだろう．特に第5章と第6章に関心のある読者には，これらの部分をぜひ読んでいただきたい．

本書は，東京工業大学をはじめとする数多くの大学での講義の記録に基づいて執筆した．講義ノートに有益なコメントを下さった学生の皆さんに感謝したい．また東京工業大学の井上純一氏は，本書に記述された研究成果のかなりの部分の共同研究者であるだけでなく，草稿を通読して私の思い違いなどを指摘して下さった．同じく東京工業大学の樺島祥介氏にもいろいろとご教示いただいた．京都大学の篠本滋氏は，本書全般について適切なアドバイスを下さった．本書が読者にとって有益であるとすればこれらの方々のおかげであるが，誤りや分かりにくい部分の責任はもちろん私にある．

なお，出版後の追加訂正については私のホームページをご覧いただきたい．

`http://www.stat.phys.titech.ac.jp/~nishimori/`

1999年10月

西　森　秀　稔

目　次

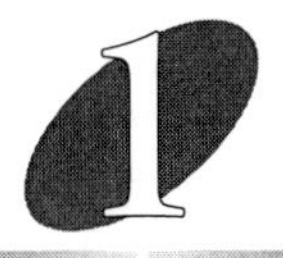

相転移と平均場理論

磁性体の統計力学的理論は，その本来の対象である磁性体の性質の解明のみならず，きわめて広範な問題に応用されている．本章では，もっとも基本的なIsing 模型を導入し，その平均場理論による解析方法について述べる．これは，第 2 章以後で繰り返し使われる数学的手法の基礎になる．第 1 章の内容はごく一般的な相転移理論であり，特にスピングラスを意識した話ではない．

1.1 Ising 模型

多数の要素が互いに影響を及ぼしあっているとき，全体としてどのようなマクロな性質を持つかを解明するのは統計力学の重要な課題である．例えば，水は水蒸気，液体の水，氷といった非常に異なって見える状態を取るが，ミクロに見ればどれも同じ水分子 $\mathrm{H_2O}$ である．分子間の相互作用のために，温度や圧力に応じて同じ分子の集合であっても系全体としてのマクロな性質が大きく異なるのである．そこでこのような違いが生じるメカニズムを解明するために，相互作用する多体系の最も簡単な模型である Ising 模型を導入しよう．以後の話は水の状態変化そのものの理論ではないが，急激な状態変化(相転移)一般に共通した諸性質に関する標準的な基礎理論である．

1 から N までの整数の集合 $V = \{1, 2, \cdots, N\} \equiv \{i\}_{i=1,\cdots,N}$ を格子，その要素 i をサイト (site) あるいは**格子点**と呼ぶことにする．サイトはもちろん実在の結晶格子点でもよいし，あるいは後の章で出てくるように画像のピクセル(画素)やニューロン(神経細胞)でもよい．各サイトには変数 S_i が対応している．$S_i = \pm 1$ のときこれを Ising スピンという．磁性体の問題では，S_i は原子スケールの磁石が上を向いているか下を向いているかを表している．

サイト 2 個の組を適当に集めた集合 $B = \{(ij)\}$ を作り，その各要素 (ij)（ボンドあるいは結合）に相互作用エネルギー $-JS_iS_j$ を対応させる．相互作用エネルギーは S_i と S_j が同じ状態 $S_i = S_j$ のとき $-J$，異なるとき J であるから，$J > 0$ なら前者の方が低エネルギーでより安定な状態である．$S = 1$ を上向き，$S = -1$ を下向きと思えば $J > 0$ のとき 2 つのスピンは同じ方向に揃おうとする傾向（$\uparrow\uparrow$ あるいは $\downarrow\downarrow$）を持つことになる．スピンが原子スケールのミクロな磁石であるなら，2 つずつ同じ方向に揃うと系全体としても一定方向に揃いマクロな磁化を持つ磁石（強磁性体）になる．このため $J > 0$ の相互作用を**強磁性的相互作用**（ferromagnetic interaction）という．これに対して $J < 0$ は相互作用をするスピン対が反対の方向を向く傾向を与え，**反強磁性的相互作用**（antiferromagnetic interaction）といわれる．

各サイトにもエネルギー $-hS_i$ を対応させることがある．磁性体の例だと h は外部磁場であり，スピンが磁場と同じ方向か（$hS_i > 0$）逆向きか（$hS_i < 0$）によってエネルギーが違ってくるという事実を表す．系全体のエネルギーは次の式（ハミルトニアン）で表される．

$$H = -J \sum_{(ij)\in B} S_iS_j - h\sum_{i=1}^{N} S_i. \tag{1.1.1}$$

系全体のエネルギーを表すこの式をハミルトニアンという．(1.1.1) 式が **Ising 模型**（Ising model）のハミルトニアンである．

ボンドの集合 B をどう選ぶかは問題によって違ってくる．例えば 2 次元の結晶格子を念頭に置けば，$V = \{i\}$ は 2 次元空間に規則的に並んだ点であり，$(ij)(\in B)$ は隣のサイトどうしの組み（**最近接格子点**（nearest neighbour）対）である（図 1.1 参照）．(1.1.1) の右辺第 1 項の和を最近接格子点について取るとき，$(ij) \in B$ は $\langle ij\rangle$ と書くことが多い．後ほど導入する無限レンジ模型では，B は V の中のすべてのサイトの対から構成される．

統計力学の処方箋によると，ハミルトニアンが与えられたとき確率分布

$$P(\{S_i\}) = \frac{\exp(-\beta H)}{Z} \tag{1.1.2}$$

に基づいて諸量の期待値（平均値）を計算することができる．ここで $\{S_i\}$ はス

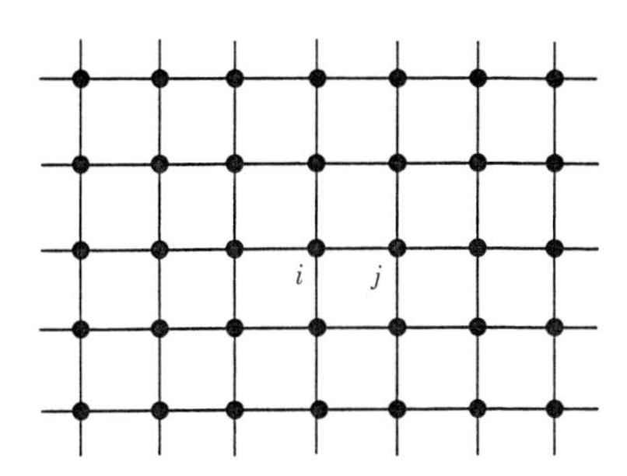

図 1.1 2次元正方格子と最近接格子点

ピン配位 $\{S_1, S_2, \cdots, S_N\}$ を表す．β は温度 T と Boltzmann 定数 k_B の積の逆数 $\beta = (k_B T)^{-1}$ であり，また Z は**分配関数**(partition function)(規格化因子)

$$Z = \sum_{S_1=\pm 1} \sum_{S_2=\pm 1} \cdots \sum_{S_N=\pm 1} e^{-\beta H} \equiv \sum_{\{S_i\}} e^{-\beta H} \qquad (1.1.3)$$

である．(1.1.3) 式に現れるすべてのスピン配位についての和を Tr と書くことがある．以後，Ising 変数についての和にはこの記号を使うことが多い．

$$Z = \mathrm{Tr}\, e^{-\beta H}. \qquad (1.1.4)$$

(1.1.2) 式を，**Gibbs-Boltzmann 分布**(Gibbs-Boltzmann distribution)，また，$\exp(-\beta H)$ を **Boltzmann 因子** (Boltzmann factor)という．Gibbs-Boltzmann 分布による期待値をカッコ $\langle \cdots \rangle$ で表すことにする．

スピン変数が Ising 的($S_i = \pm 1$)でない模型もある．例えばサイトの自由度が実数 θ_i で，相互作用エネルギーが $-J\cos(\theta_i - \theta_j)$，また外部磁場によるエネルギー $-h\cos\theta_i$ としたものを XY **模型**という．XY 模型のハミルトニアンは次式の通りである．

$$H = -J \sum_{(ij)\in B} \cos(\theta_i - \theta_j) - h \sum_i \cos\theta_i. \qquad (1.1.5)$$

θ_i は単位円周上の 1 点と同一視することができる．$J > 0$ なら Ising 模型と同様に，(1.1.5) 式の相互作用エネルギーの項は XY スピン変数対の角度を同じ($\theta_i = \theta_j$)にする傾向をもつ強磁性的な相互作用を表している．

1.2　秩序パラメータと相転移

強磁性的な相互作用を持つ Ising 模型のマクロな性質を特徴づける最も重要な量は**磁化**(magnetization)である．これは，マクロな系($N \to \infty$)において系全体として上向きあるいは下向きに揃っているといえるかどうかを表す量であり，次式で定義される．

$$m = \frac{1}{N}\left\langle \sum_{i=1}^{N} S_i \right\rangle \equiv \frac{1}{N}\mathrm{Tr}\left((\sum_i S_i) P(\{S_i\}) \right). \qquad (1.2.1)$$

系全体が一定の秩序を持っているかどうかを判定する量を**秩序パラメータ**(オーダーパラメータ(order parameter))といい，磁化はその典型的な例である．$S_i = 1$ と $S_i = -1$ が半々なら $m = 0$ であり，秩序はない．

温度が十分低ければ $\beta \gg 1$ だから，Gibbs-Boltzmann 分布 (1.1.2) においてハミルトニアンの値(エネルギー)の低い状態が高い状態よりもずっと大きな確率で実現する．強磁性的な Ising 模型 (1.1.1) で $h = 0$ としたときの低エネルギー状態はほとんどすべてのスピンが同一方向に揃った状態だから，温度 T が小さいときほとんどすべてのサイトで $S_i = 1$ (あるいはほとんどどこでも $S_i = -1$)になっている．このとき磁化 m は 1 に非常に近い値(あるいは -1 に非常に近い値)を取る．

温度が上昇すると β が小さくなり，いろいろなエネルギー値の状態が似たような確率で実現するようになる．このとき S_i はサイトによって 1 だったり -1 だったりして系全体として揃っているとはいえず，磁化は 0 になる．それゆえ，m を温度 T の関数とみなすと，図 1.2 のようにある点 T_c を境として $T < T_\mathrm{c}$ では $m \neq 0$，$T > T_\mathrm{c}$ では $m = 0$ になる．

秩序パラメータが温度のような外部変数の関数として 0 と 0 でない値の間を変化する現象を**相転移**(phase transition)という．磁性体の理論の言葉では，$T < T_\mathrm{c}$ での $m \neq 0$ の状態を**強磁性相**(ferromagnetic phase)，$T > T_\mathrm{c}$ の $m = 0$ の状態を**常磁性相**(paramagnetic phase)という．T_c は**臨界点**(critical point)，**転移点**(transition point)などと呼ばれる．

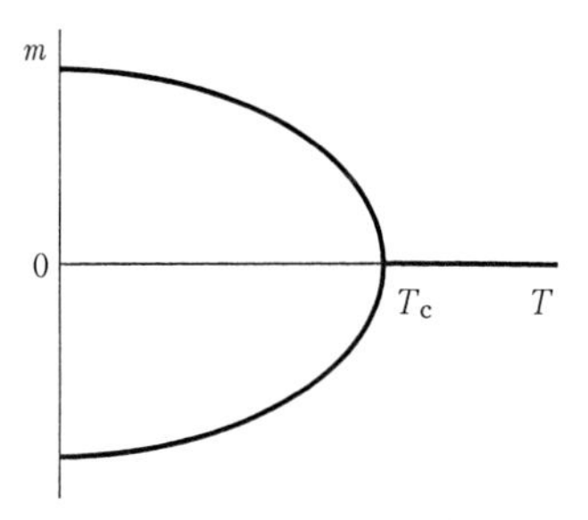

図 1.2 磁化の温度依存性

1.3 平均場理論

スピン変数の関数として表されるどんな物理量の期待値も Gibbs-Boltzmann 分布 (1.1.2) を用いて求めることは原理的には可能である．しかし例えば分配関数 (1.1.3) に現れる 2^N 個の項の和を実際に計算するのは困難な場合がほとんどである．近似として最も広く使われているのが**平均場理論**(mean-field theory)(あるいは平均場近似)である．

1.3.1 平均場理論

平均場理論においては，スピン変数 S_i をその平均値 $m = \sum_i \langle S_i \rangle / N = \langle S_i \rangle$ とそれからのずれ(ゆらぎ) $\delta S_i = S_i - m$ に分け，相互作用エネルギーで δS_i の 2 乗の項は無視できるほど小さいと仮定する．

$$\begin{aligned} H &= -J \sum_{(ij)\in B} (m + \delta S_i)(m + \delta S_j) - h \sum_i S_i \\ &\approx -Jm^2 N_B - Jm \sum_{(ij)\in B} (\delta S_i + \delta S_j) - h \sum_i S_i. \end{aligned} \tag{1.3.1}$$

ここで，$\delta S_i + \delta S_j$ の和の項には各ボンドが 1 回ずつ現れ，したがってボンドの両端のサイトにある δS_i と δS_j もボンド数と同じ回数だけ足し上げられる．こうして各サイトはそこから出ているボンドの本数(z)回だけ和に現れるから

$$
\begin{aligned}
H &= -Jm^2 N_B - Jmz \sum_i \delta S_i - h \sum_i S_i \\
&= N_B Jm^2 - (Jmz + h) \sum_i S_i.
\end{aligned} \tag{1.3.2}
$$

(1.3.2) 式についての注意点を述べる．

（1）　N_B はボンドの集合 B の要素数 $N_B = |B|$ である．

（2）　一つのサイト i がボンドを通じて結合しているサイト j の数 z は i によらず一定であると仮定している．すなわち i の近接格子点の集合 $\mathcal{S}_i = \{j \mid (ij) \in B\}$ の要素数 $|\mathcal{S}_i|$ が z である．N_B と z の間には $zN/2 = N_B$ の関係がある．各サイトから出ているボンドは z 本だから全ボンド数は zN のように思えるかもしれないが，一つのボンドはその両端のサイトで数えられるから 2 で割っておく必要がある．

（3）　$\langle S_i \rangle$ は i によらない値を取ると仮定した．(1.2.1) 式によると，この一定値は m でなければならない．通常の強磁性体では，相互作用の大きさ J がボンドごとに違ったりしないから，スピンの揃い具合はどのサイトでも平均的には一定なのである．第 2 章以後で解説するスピングラスではこの仮定は成立しない．

平均場理論のハミルトニアン (1.3.2) においては，サイト間の相互作用の効果が磁化 m に押し込められ，一見相互作用がない系のように見える．この性質のためにいろいろな計算が著しく容易になる．

1.3.2　状態方程式

平均場理論のハミルトニアン (1.3.2) を使うと諸量の計算が実行できる．例えば分配関数は

$$
\begin{aligned}
Z &= \mathrm{Tr} \exp \beta \{ -N_B Jm^2 + (Jmz + h) \sum_i S_i \} \\
&= e^{-\beta N_B Jm^2} \{ 2 \cosh \beta (Jmz + h) \}^N
\end{aligned} \tag{1.3.3}
$$

である．磁化 m は，Z の計算において Tr のあとに S_i を入れることにより

$$
m = \frac{\mathrm{Tr}\, S_i e^{-\beta H}}{Z} = \tanh \beta (Jmz + h) \tag{1.3.4}
$$

となる．秩序パラメータの値を決定する方程式 (1.3.4) を**状態方程式**という．

$h=0$ のときの磁化(自発磁化)は，(1.3.4) 式の解として図 1.3 を使って求めることができる．図 1.3 からわかるように，$\tanh(\beta Jmz)$ の $m=0$ 付近での傾きが 1 より大きいか小さいかで $m \neq 0$ の解が存在するかどうかが決まってくる．$h=0$ として (1.3.4) 式の右辺を m に関して展開すると，最初の項は βJzm だから $\beta Jz>1$ のとき $m \neq 0$ の解が存在し，$\beta Jz<1$ なら $m=0$ しか解がない．$\beta Jz = Jz/(k_BT)=1$ より，$T_{\rm c}=Jz/k_B$ が臨界点である．図 1.3 から明らかに正の m と負の m は同じ絶対値を持っており，すべてのスピンを一斉に反転すれば互いに入れ替わるから，以後 $m>0$ の解についてのみ議論しても一般性を失わない．

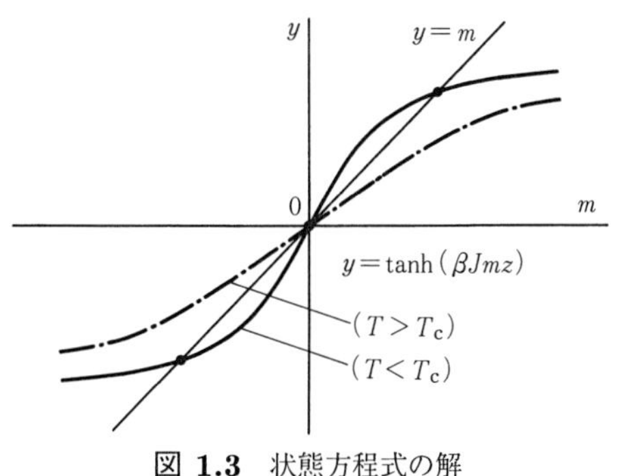

図 1.3　状態方程式の解

1.3.3　自由エネルギーと Landau 理論

比熱 C や磁化率 χ その他の量も平均場理論で求めることができるが，ここではこれら諸量の計算の出発点になる自由エネルギーについての考察をしよう．統計力学の教えるところによると，自由エネルギーは分配関数の対数に比例する．(1.3.3) 式を使うと

$$F=-k_BT\log Z=-Nk_BT\log\{2\cosh\beta(Jmz+h)\}+N_BJm^2. \quad (1.3.5)$$

外部磁場 h が 0 であり T が臨界点 $T_{\rm c}$ に近いとすると m は 0 に近いから，(1.3.5) 式の右辺を m について展開することが許される．m の 4 次まで取ると

$$F=-Nk_BT\log 2+\frac{JzN}{2}(1-\beta Jz)m^2+\frac{N}{12}(Jzm)^4\beta^3. \quad (1.3.6)$$

この式で m^2 の係数が $T_{\rm c}$ を境として符号を変えることに注目しよう．図 1.4

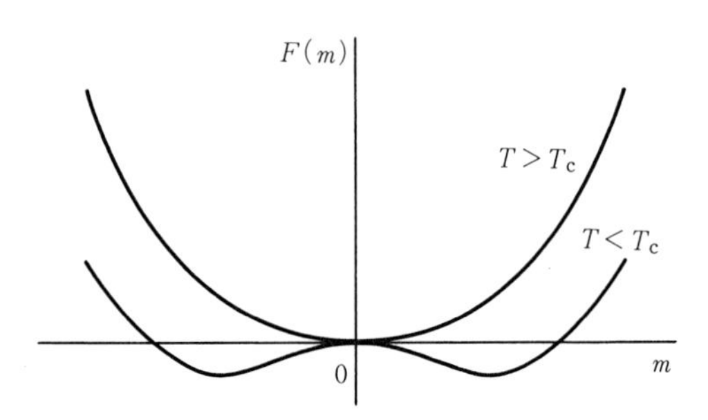

図 1.4　秩序パラメータの関数としての自由エネルギー

からわかるように自由エネルギーの最小値は $T<T_c$ では $m \neq 0$，$T>T_c$ では $m=0$ に位置している．よく知られているように，Gibbs-Boltzmann 分布 (1.1.2) を用いて計算される統計力学的な期待値は自由エネルギーを最小にする状態（熱平衡状態）における物理量の値に対応している．それゆえ $T>T_c$ では熱平衡状態の磁化は 0，$T<T_c$ では $m \neq 0$ であり，したがって T_c が秩序のできる境界の温度（臨界点）になる．これは，状態方程式に基づく前節の議論と一致している．自由エネルギーの秩序パラメータによる展開式を出発点にした相転移の理論を **Landau 理論**（Landau theory）という．

1.4　無限レンジ模型

平均場理論は近似理論であるが，すべてのサイトの間に相互作用のボンドがある**無限レンジ模型**（infinite-range model）においては厳密に正しい結果を与える．無限レンジ模型のハミルトニアンは

$$H=-\frac{J}{2N}\sum_{i\neq j}S_iS_j-h\sum_i S_i \qquad (1.4.1)$$

と書くことができる．和は異なる i と j のすべての組 (i,j) $(i=1,\cdots,N; j=1,\cdots,N; i\neq j)$ にわたって取る．全体を 2 で割っているのは，一つの組は和に 1 度だけ現れるようにするためである．例えば $(S_1S_2+S_2S_1)/2=S_1S_2$ である．また組の数は $N(N-1)/2$ だから，エネルギーは N に比例する示量変数であるという統計力学の要請にしたがって，ハミルトニアンが $O(N)$ になるよう

全体を N で割ってある．

無限レンジ模型の分配関数は次のようにして計算できる．定義により

$$Z = \mathrm{Tr}\exp\left(\frac{\beta J}{2N}(\sum_i S_i)^2 - \frac{\beta J}{2} + \beta h\sum_i S_i\right). \tag{1.4.2}$$

ここで定数項 $-\beta J/2$ は $\sum_i (S_i^2)$ から来るのであるが，$N \to \infty$ では他の項に比べて十分小さいので以後無視する．$(\sum_i S_i)^2$ が指数関数の肩にあると Tr の計算が実行できないので，$(\sum_i S_i)^2$ の項を Gauss 積分

$$e^{ax^2/2} = \sqrt{\frac{aN}{2\pi}}\int_{-\infty}^{\infty} dm\, e^{-Nam^2/2+\sqrt{N}amx} \tag{1.4.3}$$

によって分解する．$a = \beta J$, $x = \sum_i S_i/\sqrt{N}$ とし，(1.3.3) 式を使うと

$$\mathrm{Tr}\sqrt{\frac{\beta JN}{2\pi}}\int_{-\infty}^{\infty} dm\, e^{-N\beta Jm^2/2+\beta Jm\sum_i S_i + \beta h\sum_i S_i} \tag{1.4.4}$$

$$= \sqrt{\frac{\beta JN}{2\pi}}\int_{-\infty}^{\infty} dm\, e^{-N\beta Jm^2/2+N\log\{2\cosh\beta(Jm+h)\}} \tag{1.4.5}$$

となる．こうして問題は単純な 1 重積分に帰着された．

上の積分は N が大きい極限（熱力学的極限）では鞍点法で評価できる．鞍点法によると，N が大きい極限では上の積分は被積分関数の最大値に漸近する．被積分関数の最大値を与える m は次の鞍点条件で決定される．

$$\frac{\partial}{\partial m}\left(-\frac{\beta J}{2}m^2 + \log\{2\cosh\beta(Jm+h)\}\right) = 0. \tag{1.4.6}$$

すなわち

$$m = \tanh\beta(Jm+h) \tag{1.4.7}$$

である．平均場理論の状態方程式 (1.3.4) において J を J/N とし z を N とすると (1.4.7) 式と一致するから，平均場理論は本来近似であるにもかかわらず，無限レンジ模型については厳密な結果を導くことになる．

無限レンジ模型の分配関数の計算に際して積分変数として導入された m は，状態方程式 (1.4.7) を通した平均場理論との対応関係から実は磁化を表していると解釈できることがわかった．これを別の角度から確かめるために，(1.4.4) 式

の段階で鞍点条件を書くと

$$m = \frac{1}{N} \sum_i S_i \tag{1.4.8}$$

となる．$N \to \infty$ の極限では，大数の法則により (1.4.8) 式の和はその平均値である磁化 (1.2.1) に一致するのである．言いかえれば無限レンジ模型では，磁化のゆらぎが $N \to \infty$ の極限で消失して平均場理論が厳密に正しい答えを導く．

無限レンジ模型は，空間次元が無限大の極限の模型であるとみなせる．d 次元格子で最近接格子点の間に相互作用があれば，ひとつのサイトが相互作用をしているサイトの数 z は d に比例する．例えば，2 次元正方格子なら $z = 4$ であり，3 次元立方格子なら $z = 6$，一般に d 次元の超立方格子なら $z = 2d$ である．それゆえ，d が大きくなった極限では非常に多数のサイトと結合することになり，無限レンジ模型と同じように相対的にゆらぎが無視できるようになる．

スピングラスの平均場理論

スピン対の間の相互作用がランダムに分布していると，系全体として一様に揃った秩序状態は出現しにくいが，ランダムに揃ったスピングラス状態ができることがある.「ランダムである」ことと「揃う」ということは一見相反する概念だが，空間的にランダムであってもその状態が時間とともに変化しなければ，時間軸方向に揃っていると考えられる．本章では，スピングラスが出現する条件を平均場理論により調べていく．特に，状態方程式のレプリカ対称解と呼ばれる解の性質を明らかにする．本章で導入されるレプリカ法は，本書全体を通じて強力な計算手段となる．

2.1　スピングラスと Edwards-Anderson 模型

結晶中では原子は規則的に並んでいるが，ガラスでは原子の位置は一見ランダムである. しかしそのランダムな配置が，1 日や 2 日で別のランダムな配置に変わったりはしない. 空間的にはランダムな状態が少々のことでは時間的に変動したりしないのである．スピングラスという言葉は端的に言えば，スピンの向きがガラス的になっているという意味を持っている．いわばランダムに凍結したスピン秩序状態がスピングラスだというわけである．スピングラス状態がどのような条件の下で出現するかを調べるのが，スピングラスの理論である[*1].

平均場理論の範囲内では，スピン間にある種のランダム相互作用があれば，低温でスピングラス相が出現することが明らかになっている．本章と次章でこ

*1　厳密に言えば，スピングラス状態は少なくとも平均場理論の範囲内ではいくら長い時間がたっても安定だが，通常のガラスは長時間の後には結晶に変化すると考えられている．

の話を詳細に述べる．平均場理論が現実の3次元の系の性質をどの程度正しく記述するかはまた別の問題であり，今日も盛んに研究されているテーマであるが本書の目的からは外れるので，3次元でもスピングラス相が存在するらしいと多くの研究者が考えていることを指摘するにとどめておく．

以下ではまず，ランダムな相互作用をしている系の模型を導入し，その一般的な解析法(レプリカ法)を紹介する．

2.1.1　Edwards-Anderson 模型

スピン対 (ij) の間の相互作用 J_{ij} が (ij) ごとに異なる値を取るとしよう．ハミルトニアンは，磁場がないとして

$$H = -\sum_{(ij)\in B} J_{ij} S_i S_j \tag{2.1.1}$$

である．第1章と同じく Ising スピン($S_i = \pm 1$)に話を限定する．J_{ij} はある確率分布 $P(J_{ij})$ にしたがってスピン対ごとにランダムに分布していると仮定する．$P(J_{ij})$ の分布としては，**Gauss 模型**(Gaussian model)や **$\pm J$ 模型**($\pm J$ model)がよく使われる．具体的な関数形はそれぞれ

$$P(J_{ij}) = \frac{1}{\sqrt{2\pi J^2}} \exp\left\{-\frac{(J_{ij}-J_0)^2}{2J^2}\right\} \tag{2.1.2}$$

$$P(J_{ij}) = p\delta(J_{ij}-J) + (1-p)\delta(J_{ij}+J) \tag{2.1.3}$$

である．(2.1.2) 式は中心が J_0 で分散が J^2 の Gauss 分布を表している．(2.1.3) 式では J_{ij} は $J(>0)$(確率 p)か $-J$(確率 $1-p$)のみを取る．

J_{ij} が (ij) ごとに異なる原因は問題によって様々である．例えば，ある種の磁性体の場合には，スピンを担う磁性原子の位置がランダムに分布しているために相互作用がランダムになる．この場合，個々の原子の位置を正解に把握することは不可能だから，J_{ij} に何らかの確率分布を導入した取り扱いが必要になる．

(2.1.2) 式や (2.1.3) 式のように J_{ij} が正負両方の値をとるとき，(2.1.1) 式をスピングラスの **Edwards-Anderson 模型**という．なお，第7章で述べるニューラルネットワークの Hopfield 模型も (2.1.1) 式の形をしているが，$\{J_{ij}\}$ の分布の様子が Edwards-Anderson 模型とはかなり違っている．Hopfield 模型では J_{ij}

のランダムさは，記憶させるパターンのランダムさに起因している．

2.1.2 クエンチ系と配位平均

ハミルトニアン (2.1.1) に基づいて諸量を求める際には，J_{ij} は確率分布 $P(J_{ij})$ によって生成された特定の値に固定（**クエンチ**）されている（quenched）として，まずスピン変数 $\{S_i\}$ の自由度について統計力学的な和の演算を実行する．例えば，自由エネルギーは

$$F = -k_B T \log \mathrm{Tr}\, e^{-\beta H} \qquad (2.1.4)$$

である．これは $\{J_{ij}\}$ の関数である．次に (2.1.4) 式を $\{J_{ij}\}$ の分布に関して平均することにより自由エネルギーの最終的な値を得るのである．後者の平均操作（**配位平均**（configurational average））を本書では $[\cdots]$ で表すことにする．

$$[F] = -k_B T[\log Z] = -k_B T \int \prod_{(ij)} dJ_{ij}\, P(J_{ij}) \log Z. \qquad (2.1.5)$$

磁化や内部エネルギーなどの物理量は，この $[F]$ を外部磁場 h あるいは温度 T などのパラメータで微分すれば得られる．

まず $\{J_{ij}\}$ を固定して $\{S_i\}$ についての統計力学的な計算を実行する理由は具体的な問題ごとに異なる．スピングラスの Edwards-Anderson 模型では，スピンを担う原子のランダムな位置は，スピン変数が変動する時間スケールでは一定だから，相互作用 $\{J_{ij}\}$ を固定しておいて $\{S_i\}$ についての計算を先にするのである．あるいは，第 5 章で述べる誤り訂正符号の問題だと，通信路から出力された雑音を含む信号（$\{J_{ij}\}$ に相当）が与えられたときに，様々な $\{S_i\}$ の値の中から最適な復号化を探索するので，$\{J_{ij}\}$ を固定して考える必要がある．

自由エネルギーの計算は配位平均を実行して完了する．ところが実は，十分大きな系の極限 $N \to \infty$ では 1 自由度あたりの値 $f(\{J_{ij}\}) = F(\{J_{ij}\})/N$ は平均値 $[f]$ のまわりのばらつき（分散）がほとんど 0 になり，f は確率 1 で $[f]$ に一致する．これを**自己平均性**（self-averaging property）という．厳密な証明は省略するが，大数の法則に類似した性質であることに注意しておく．

f が $N \to \infty$ で $[f]$ に一致するなら f でも $[f]$ でもどちらを計算してもよいのだが，平均値 $[f]$ のほうが個々の $\{J_{ij}\}$ への依存性がないので扱いやすい．このため，以後の大部分の議論では平均値によって考察を進める．

2.1.3 レプリカ法

分配関数の対数 $\log Z$ の $\{J_{ij}\}$ への依存性は非常に複雑であり，配位平均 $[\log Z]$ の計算は容易でない．そこで恒等式

$$[\log Z] = \lim_{n \to 0} \frac{[Z^n] - 1}{n} \tag{2.1.6}$$

に基づいて，まず Z^n の配位平均を求めてから $n \to 0$ の極限を取ることがよくある．$[Z^n]$ は $[\log Z]$ に比べるとわりあい容易に計算できるのである．これを**レプリカ法**(replica method) という．

(2.1.6) 式自身はもちろん常に成立する恒等式だが，レプリカ法の実際の計算は n が正の整数の場合を念頭に置いて行われることが多い．その結果をいわば $n \to 0$ に外挿するのだから，結果の正当性には十分な注意を払う必要がある．

2.2 Sherrington-Kirkpatrick 模型

スピングラスの平均場理論は，Edwards-Anderson 模型の無限レンジ版である **Sherrington-Kirkpatrick 模型**(**SK 模型**) を使って展開される．本節では SK 模型を導入し，レプリカ計算の基礎を紹介する．

2.2.1 SK 模型

強磁性体の場合に無限レンジ模型が平均場理論と同じ結果を与えたことから，スピングラスでも無限レンジ模型が平均場理論に相当する役割を果たすと期待される．そこで次のようなハミルトニアンを議論の出発点にする．

$$H = -\sum_{i<j} J_{ij} S_i S_j - h \sum_i S_i. \tag{2.2.1}$$

右辺第 1 項の和は異なるすべてのスピン対について取る．和の項数は $N(N-1)/2$ である．相互作用 J_{ij} は Gauss 分布

$$P(J_{ij}) = \frac{1}{J}\sqrt{\frac{N}{2\pi}} \exp\left\{-\frac{N}{2J^2}\left(J_{ij} - \frac{J_0}{N}\right)^2\right\} \tag{2.2.2}$$

にしたがうクエンチされた確率変数である．この確率分布においては平均と分

散が

$$[J_{ij}] = \frac{J_0}{N}, \quad [(\Delta J_{ij})^2] = \frac{J^2}{N} \tag{2.2.3}$$

といずれも $1/N$ に比例している．こうすればハミルトニアン (2.2.1) から計算される示量性の物理量（エネルギー，比熱など）が以下に示すように N に比例するからである．

2.2.2 分配関数のレプリカ平均

自由エネルギーの配位平均を求めるために，レプリカ法の処方箋にしたがい，n 乗された分配関数の配位平均を取る．

$$[Z^n] = \int \left\{ \prod_{i<j} dJ_{ij} P(J_{ij}) \right\} \mathrm{Tr} \exp \left(\beta \sum_{i<j} J_{ij} \sum_{\alpha=1}^{n} S_i^\alpha S_j^\alpha + \beta h \sum_{i=1}^{N} \sum_{\alpha=1}^{n} S_i^\alpha \right). \tag{2.2.4}$$

α はレプリカの番号を表す．J_{ij} についての積分は (2.2.2) 式を使って各 (ij) ごとに独立に実行可能である．結果は

$$\mathrm{Tr} \exp \left\{ \frac{1}{N} \sum_{i<j} \left(\frac{1}{2} \beta^2 J^2 \sum_{\alpha,\beta} S_i^\alpha S_j^\alpha S_i^\beta S_j^\beta + \beta J_0 \sum_\alpha S_i^\alpha S_j^\alpha \right) + \beta h \sum_i \sum_\alpha S_i^\alpha \right\} \tag{2.2.5}$$

に定数を掛けたものになる．上式に出てくる指数関数の肩で，$i<j$ についての和の項を整理すると N が十分大きいとき

$$[Z^n] = e^{N\beta^2 J^2 n/4}\, \mathrm{Tr} \exp \left\{ \frac{\beta^2 J^2}{2N} \sum_{\alpha<\beta} \left(\sum_i S_i^\alpha S_i^\beta \right)^2 + \frac{\beta J_0}{2N} \sum_\alpha \left(\sum_i S_i^\alpha \right)^2 + \beta h \sum_i \sum_\alpha S_i^\alpha \right\} \tag{2.2.6}$$

と表される．

2.2.3　Gauss 積分による一体問題化

(2.2.6) 式の指数関数中の 2 乗のべきが 1 乗であれば，各 i ごとに独立に S_i^α の和（Tr）が取れる．そこで，$(\sum_i S_i^\alpha S_i^\beta)^2$ については変数 $q_{\alpha\beta}$ による Gauss 積分を，$(\sum_i S_i^\alpha)^2$ については変数 m_α による Gauss 積分を使うと

$$
\begin{aligned}
&[Z^n] \\
&= e^{N\beta^2J^2n/4}\int\prod_{\alpha<\beta}dq_{\alpha\beta}\int\prod_\alpha dm_\alpha \exp\left(-\frac{N\beta^2J^2}{2}\sum_{\alpha<\beta}q_{\alpha\beta}^2-\frac{N\beta J_0}{2}\sum_\alpha m_\alpha^2\right) \\
&\quad\times \mathrm{Tr}\exp\left(\beta^2J^2\sum_{\alpha<\beta}q_{\alpha\beta}\sum_i S_i^\alpha S_i^\beta+\beta\sum_\alpha(J_0m_\alpha+h)\sum_i S_i^\alpha\right). \qquad (2.2.7)
\end{aligned}
$$

ひとつの i についての和 $\sum_{S_i^\alpha}$ も Tr で表すことにすると，上の第 2 行は

$$
\left\{\mathrm{Tr}\exp\left(\beta^2J^2\sum_{\alpha<\beta}q_{\alpha\beta}S^\alpha S^\beta+\beta\sum_\alpha(J_0m_\alpha+h)S^\alpha\right)\right\}^N \equiv \exp\left(N\log\mathrm{Tr}\,e^L\right). \qquad (2.2.8)
$$

ただし

$$
L=\beta^2J^2\sum_{\alpha<\beta}q_{\alpha\beta}S^\alpha S^\beta+\beta\sum_\alpha(J_0m_\alpha+h)S^\alpha \qquad (2.2.9)
$$

とした．よって

$$
\begin{aligned}
[Z^n] &= e^{N\beta^2J^2n/4}\int\prod_{\alpha<\beta}dq_{\alpha\beta}\int\prod_\alpha dm_\alpha \\
&\quad\times\exp\left(-\frac{N\beta^2J^2}{2}\sum_{\alpha<\beta}q_{\alpha\beta}^2-\frac{N\beta J_0}{2}\sum_\alpha m_\alpha^2+N\log\mathrm{Tr}\,e^L\right) \qquad (2.2.10)
\end{aligned}
$$

となる．

2.2.4　鞍点評価

上の積分では指数関数の肩が N に比例しているから，N が大きい極限では鞍点法により積分が評価できる．すなわち $N\to\infty$ で

$$
[Z^n]\approx\exp\left(-\frac{N\beta^2J^2}{2}\sum_{\alpha<\beta}q_{\alpha\beta}^2-\frac{N\beta J_0}{2}\sum_\alpha m_\alpha^2+N\log\mathrm{Tr}\,e^L+\frac{N}{4}\beta^2J^2n\right)
$$

$$\approx 1 + Nn\left\{-\frac{\beta^2 J^2}{4n}\sum_{\alpha\neq\beta} q_{\alpha\beta}^2 - \frac{\beta J_0}{2n}\sum_{\alpha} m_\alpha^2 + \frac{1}{n}\log \mathrm{Tr}\, e^L + \frac{1}{4}\beta^2 J^2\right\}.$$

最後の式においては，N を十分大きく保ったまま n を 0 に近づけている．$q_{\alpha\beta}$ と m_α には $\{\quad\}$ 内を極値にする値を代入する．

レプリカ法の処方箋にしたがって，自由エネルギーは

$$\begin{aligned}-\beta[f] &= \lim_{n\to 0}\frac{[Z^n]-1}{nN}\\ &= \lim_{n\to 0}\left\{-\frac{\beta^2 J^2}{4n}\sum_{\alpha\neq\beta} q_{\alpha\beta}^2 - \frac{\beta J_0}{2n}\sum_{\alpha} m_\alpha^2 + \frac{1}{4}\beta^2 J^2 + \frac{1}{n}\log \mathrm{Tr}\, e^L\right\}.\end{aligned} \tag{2.2.11}$$

自由エネルギーが変数 $q_{\alpha\beta}\,(\alpha\neq\beta)$ について極値を取るという鞍点条件より

$$q_{\alpha\beta} = \frac{1}{\beta^2 J^2}\frac{\partial}{\partial q_{\alpha\beta}}\log \mathrm{Tr}\, e^L = \frac{\mathrm{Tr}\, S^\alpha S^\beta e^L}{\mathrm{Tr}\, e^L} = \langle S^\alpha S^\beta\rangle_L \tag{2.2.12}$$

を得る．$\langle\cdots\rangle_L$ は e^L の重みによる平均である．m_α についての極値条件より，上と同様にして

$$m_\alpha = \frac{1}{\beta J_0}\frac{\partial}{\partial m_\alpha}\log \mathrm{Tr}\, e^L = \frac{\mathrm{Tr}\, S^\alpha e^L}{\mathrm{Tr}\, e^L} = \langle S^\alpha\rangle_L \tag{2.2.13}$$

であることがわかる．

2.2.5 秩序パラメータ

1.4 節で解説した強磁性体の無限レンジ模型の場合と同様に，やや人為的に導入された積分変数 $q_{\alpha\beta}$ と m_α は実は秩序パラメータになっている．これを見るために，(2.2.12) 式が次の形に書けることに着目する．

$$q_{\alpha\beta} = [\langle S_i^\alpha S_i^\beta\rangle] = \left[\frac{\mathrm{Tr}\, S_i^\alpha S_i^\beta e^{-\beta\sum_\gamma H_\gamma}}{\mathrm{Tr}\, e^{-\beta\sum_\gamma H_\gamma}}\right] \tag{2.2.14}$$

ここで H_γ は γ 番目のレプリカハミルトニアンである．

$$H_\gamma = -\sum_{i<j} J_{ij} S_i^\gamma S_j^\gamma - h\sum_i S_i^\gamma. \tag{2.2.15}$$

(2.2.12) 式と (2.2.14) 式が同じ量を表していることは前節までの計算とほとん

ど同様にして示すことができる．まず，(2.2.14) 式の分母は Z^n であり $n \to 0$ で 1 に近づくから考慮しなくてよい．分子は，$[Z^n]$ の計算において Tr のあとに $S_i^\alpha S_i^\beta$ をはさんだものである．これに注意して 2.2.2 節以後の計算を追うと，(2.2.8) 式の代わりに

$$(\mathrm{Tr}\, e^L)^{N-1} \cdot \mathrm{Tr}(S^\alpha S^\beta e^L) \tag{2.2.16}$$

が導かれる．ところで，(2.2.11) 式からわかるように $\log \mathrm{Tr}\, e^L$ は n に比例するから $\mathrm{Tr}\, e^L$ は $n \to 0$ で 1 に近づく．それゆえ (2.2.16) 式は $n \to 0$ の極限で $\mathrm{Tr}(S^\alpha S^\beta e^L)$ となる．(2.2.12) 式で分母が 1 になることに注意すれば，(2.2.16) 式は (2.2.12) 式と一致する．こうして (2.2.14) 式と (2.2.12) 式が同じであることが明らかになった．同様にして

$$m_\alpha = [\langle S_i^\alpha \rangle] \tag{2.2.17}$$

も示せる．

(2.2.17) 式によると，m は通常の強磁性的な秩序パラメータである．一方，$q_{\alpha\beta}$ はスピングラス秩序パラメータである．これを理解するために，すべてのレプリカは互いに区別できないと考えて，α と β 以外のレプリカ γ についての Tr は (2.2.14) 式の分子分母でうち消しあうことを使うと

$$q_{\alpha\beta} = \left[\frac{\mathrm{Tr}\, S_i^\alpha e^{-\beta H_\alpha}}{\mathrm{Tr}\, e^{-\beta H_\alpha}} \frac{\mathrm{Tr}\, S_i^\beta e^{-\beta H_\beta}}{\mathrm{Tr}\, e^{-\beta H_\beta}} \right] = [\langle S_i^\alpha \rangle \langle S_i^\beta \rangle] = [\langle S_i \rangle^2] \equiv q \tag{2.2.18}$$

が導かれる．高温領域で出現する常磁性相においては，$\langle S_i \rangle$ が各サイト i で 0 だから $m = q = 0$ である．また強磁性相では，各スピンがほぼ一定方向を向くのでその方向を正の向きとすれば大多数のサイトで $\langle S_i \rangle > 0$ であり，したがって $m > 0,\ q > 0$ となる．

これに対してランダムな相互作用を持つ Edwards-Anderson 模型や SK 模型に特有の**スピングラス相**（spin-glass phase）があるとすれば，それは各スピンがいわばランダムに凍結した状態であろう．スピングラス相では $\langle S_i \rangle$ は各サイトで 0 とは異なる値を取るが，その符号はサイトによってばらばらである．$\langle S_i \rangle$ がサイトによって正であったり負であったりして，空間的にはランダムに見えるが，そのスピンのパターンが時間的に変動しないのである．ところで，ランダムに凍結したスピン配位は相互作用 $\{J_{ij}\}$ を変えれば当然変化する．各サイトのまわりの環境ががらりと変わるからである．それゆえ，$\langle S_i \rangle$ を $\{J_{ij}\}$ の分

布について平均するということは $\langle S_i \rangle > 0$ の状態と $\langle S_i \rangle < 0$ の状態についての平均に相当し，$m = [\langle S_i \rangle] = 0$ となる可能性が十分ある．ところが q は正の量の配位平均だから 0 にはならず，したがって $m = 0$, $q > 0$ で特徴づけられる相が存在する可能性が大である．実際，以後示すように SK 模型の状態方程式は $m = 0$, $q > 0$ なる解を持つ．これがスピングラス相である．q が**スピングラス秩序パラメータ**である．

2.3 レプリカ対称解

2.3.1 レプリカ対称解

自由エネルギーと秩序パラメータの計算を (2.2.11)-(2.2.13) 式に基づいてさらに進めるには，$q_{\alpha\beta}$ と m_α のレプリカ添字 α, β への具体的な依存性が必要になる．素朴に考えると，レプリカは配位平均の都合上人為的に導入したものだから，物理的な結果がこれらの添字に依存してはならないように思われる．そこで，**レプリカ対称性**(replica symmetry) $q_{\alpha\beta} = q$, $m_\alpha = m$ を仮定してみる．このようにして求められた解を**レプリカ対称(RS)解**(replica-symmetric solution)という．

このとき $n \to 0$ を取る前の自由エネルギー (2.2.11) は

$$-\beta[f] = \frac{\beta^2 J^2}{4n}\left\{-n(n-1)q^2\right\} - \frac{\beta J_0}{2n} nm^2 + \frac{1}{n}\log \mathrm{Tr}\, e^L + \frac{1}{4}\beta^2 J^2. \tag{2.3.1}$$

右辺第 3 項は L の定義 (2.2.9) と Gauss 積分を使って次のように具体的に計算できる．

$$\begin{aligned}
\log \mathrm{Tr}\, e^L = \log \mathrm{Tr} \sqrt{\frac{\beta^2 J^2 q}{2\pi}} \int dz \\
&\times \exp\left(-\frac{\beta^2 J^2 q}{2} z^2 + \beta^2 J^2 qz \sum_\alpha S^\alpha - \frac{n}{2}\beta^2 J^2 q \right.\\
&\left. + \beta(J_0 m + h) \sum_\alpha S^\alpha \right)\\
= \log \int Dz\, \exp\left(n \log 2\cosh(\beta J\sqrt{q}z + \beta J_0 m + \beta h) - \frac{n}{2}\beta^2 J^2 q\right)
\end{aligned}$$

$$= \log\left(1 + n\int Dz \log 2\cosh\beta\tilde{H}(z) - \frac{n}{2}\beta^2 J^2 q + O(n^2)\right). \tag{2.3.2}$$

ここで，$Dz = dz \exp(-z^2/2)/\sqrt{2\pi}$，$\tilde{H}(z) = J\sqrt{q}z + J_0 m + h$ である．(2.3.2) 式を (2.3.1) 式に代入して $n \to 0$ とすると

$$-\beta[f] = \frac{\beta^2 J^2}{4}(1-q)^2 - \frac{1}{2}\beta J_0 m^2 + \int Dz \log 2\cosh\beta\tilde{H}(z) \tag{2.3.3}$$

が導かれる．自由エネルギー (2.3.3) の変数 m についての極値条件は

$$m = \int Dz \tanh\beta\tilde{H}(z) \tag{2.3.4}$$

となる．これは強磁性の秩序パラメータ m に関する状態方程式であり，(2.2.13) 式の Tr を具体的に実行したことに相当している*2．(2.3.4) 式は，外場中の 1 スピンの磁化の式 $m = \tanh\beta h$ と比べると，ランダムさのために内部磁場が Gauss 分布しているものと解釈できる．

q についての極値条件は

$$\frac{\beta^2 J^2}{2}(q-1) + \int Dz(\tanh\beta\tilde{H}(z))\cdot\frac{\beta J}{2\sqrt{q}}z = 0 \tag{2.3.5}$$

であるが，部分積分によりこの式は

$$q = 1 - \int Dz\,\mathrm{sech}^2\beta\tilde{H}(z) = \int Dz \tanh^2\beta\tilde{H}(z) \tag{2.3.6}$$

と書き換えることができる．

2.3.2　相図

パラメータ β, J_0 の値に応じて状態方程式 (2.3.4), (2.3.6) の解が決まる．外部磁場がないとき ($h = 0$) を考える．まず，J_{ij} の分布が 0 のまわりに対称 ($J_0 = 0$) のときには $\tilde{H}(z) = J\sqrt{q}\,z$ だから，$\tanh\beta\tilde{H}$ は奇関数である．したがって (2.3.4) 式より明らかに $m = 0$ であり，強磁性相は出現しない．この場合，自由エネル

*2　これは，例えば (2.2.9) 式に $q_{\alpha\beta} = q$，$m_\alpha = m$ を入れた表式を使って (2.2.12) 式の分子の Tr を実行すればよい．この際，分母は $n \to 0$ で 1 になることと，α, β の 2 重和は Gauss 積分で分解できることを使うとよい．

ギーは

$$-\beta[f] = \frac{1}{4}\beta^2 J^2 (1-q)^2 + \int Dz \log 2\cosh\left(\beta J\sqrt{q}\,z\right) \qquad (2.3.7)$$

である．スピングラス秩序パラメータ q が 0 に近い臨界点付近の性質を調べるために，右辺を q の小さい領域で展開すると

$$\beta[f] = -\frac{1}{4}\beta^2 J^2 - \log 2 - \frac{\beta^2 J^2}{4}(1-\beta^2 J^2)q^2 + O(q^3) \quad (2.3.8)$$

が得られる．Landau 理論によれば，q^2 の係数が 0 の所が臨界点ゆえ，$T = J/k_B \equiv T_f$ でスピングラス転移が生じる．

(2.3.8) 式の q^2 の係数は $T > T_f$ で負である．したがって高温側で出現する常磁性解 $(q=0)$ は自由エネルギーを最大にする．同じように，$T < T_f$ でのスピングラス解 $q > 0$ も自由エネルギーの最大を与える．これはちょっと奇妙な話であり，レプリカ法を使ったことに由来する病的な性質である．(2.3.1) 式からわかるように，q^2 の係数（レプリカ対の個数）が $n = 1$ を境として符号を変えるためこうしたことが起きるのである．なお，m に関しては (2.3.1) 式からもわかるとおり n による符号の変化はなく，自由エネルギーは通常通り最小値を取る．

J_{ij} の分布が 0 のまわりに対称でないとき（$J_0 > 0$）には強磁性解（$m > 0$）が存在する可能性がある．(2.3.6) 式の右辺を q と m について展開して最低次の項のみ残すと

$$q = \beta^2 J^2 q + \beta^2 J_0^2 m^2 \qquad (2.3.9)$$

となる．$J_0 = 0$ なら 1.3.2 節と同様の考え方から，係数 $\beta^2 J^2$ が 1 になるところが臨界点である．これは自由エネルギーの展開からすでに導いた結果と一致している．

$J_0 > 0,\ m > 0$ なら (2.3.9) 式により $q = O(m^2)$ である．このことを念頭に置いて状態方程式 (2.3.4) の右辺を展開して最低次の項のみを残すと

$$m = \beta J_0 m + O(q) \qquad (2.3.10)$$

が得られる．こうして，m が 0 でなくなる臨界点が $\beta J_0 = 1$ すなわち $T_c = J_0/k_B$ であることが明らかになった．

以上で，常磁性相とスピングラス相の境界および常磁性相と強磁性相の境界がわかった．スピングラス相と強磁性相の境界を求めるには (2.3.4) 式と (2.3.6)

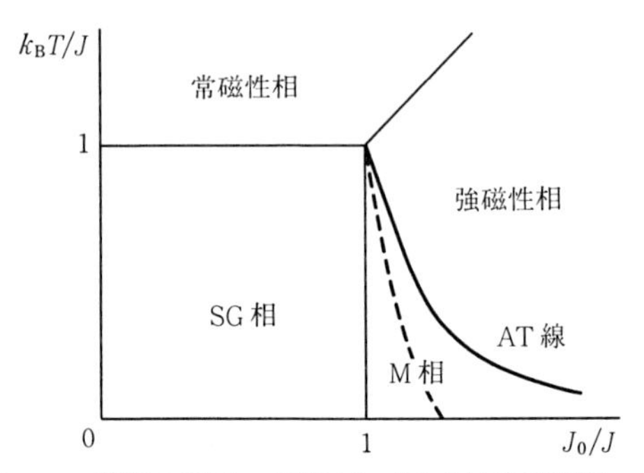

図 2.1　SK 模型の相図．点線はレプリカ対称解が誤って与える強磁性相とスピングラス相の間の境界．SG 相と M（混合）相，M 相と通常の強磁性相の境界は，レプリカ対称性の破れを考慮しないと出てこない．

式を数値的に解かなければならない．このようにして得られた相図が図 2.1 である．J_0 が 0 でなくても J より小さい限り $q>0$, $m=0$ なるスピングラス相が存在する．$J_0>J$ の領域においてはスピングラス相は強磁性相の下に入り込んでいる．これを**リエントラント転移**（reentrant transition）という．レプリカ対称解では，図 2.1 の点線がスピングラス相と強磁性相の相境界になり，強磁性とスピングラスの性質を併せ持つ混合（M）相は存在しない．次章で紹介するレプリカ対称性の破れを考慮するとこの結論は修正され，スピングラス相と強磁性相の境界は $J_0=J$ での垂直な線になる．また強磁性相のうち，比較的高温の部分ではレプリカ対称解は安定だが，低温部分の混合相では $m>0$ であるにもかかわらずレプリカ対称性は破れている．

レプリカ対称性の仮定が必ずしも正しい結果を与えないことは，例えば自由エネルギー (2.3.3) 式で $J_0=0$ のときのエントロピーを求めてみると低温で負になっていることにより確かめられる．エントロピーは状態数の対数であり，Ising スピンのような離散自由度の系では必ず正か 0 にならなければならない．

レプリカ対称性の破れ

スピングラスのSK模型の解を求める話を続けよう．レプリカ対称性の仮定に基づいて導かれた自由エネルギーは，エントロピーが低温で負になるといった問題点を抱えている．これを解決するには，秩序パラメータ $q_{\alpha\beta}$ がレプリカ番号 α, β に依存していろいろな値を取る可能性について検討しなければならない．このような経過で負のエントロピーの問題から始まったレプリカ対称性の破れの理論は，きわめて多様な状態が安定に存在するという思いもかけない結論を導き，今日のいわゆる「複雑系」の研究の隆盛のひとつの契機となった．その数学的構造を見ていくことにする．

3.1　レプリカ対称解の安定性とAT線

前章ではレプリカ間の対称性を仮定してSK模型の解を求め，スピングラス相が低温で出現することを示した．ところで，レプリカ対称性($q_{\alpha\beta} = q$, $m_\alpha = m$)はあくまで仮定であり，その正当性はきちんと検証されなければならない．

レプリカ対称解が信頼できるための必要条件として，レプリカ対称解からのずれに対して自由エネルギーが安定でなければならない．すなわち，自由エネルギーを対称解からのずれ $q_{\alpha\beta} - q$ と $m_\alpha - m$ について2次まで展開したとき，分配関数の計算に現れる積分

$$\int \prod_{\alpha} dm_\alpha \prod_{\alpha<\beta} dq_{\alpha\beta} \exp\left\{-\beta N(f_{\mathrm{RS}} + (q_{\alpha\beta} - q) \text{ と } (m_\alpha - m) \text{ の 2 次形式})\right\} \tag{3.1.1}$$

が $N \to \infty$ において発散しないためには，2次形式の部分が正定値でなければ

ならない．$f_{\rm RS}$ はレプリカ対称解の自由エネルギーである．本節では，レプリカ対称解の安定条件が相図上の AT 線と呼ばれる線より下で破れていることを示す．AT 線より下では具体的にどういう形の解が存在するか，それはどういう物理的な意味を持っているかなどについては次節以後で述べていく．安定条件についての計算の詳細に興味のない読者は，3.1.4 節までを飛ばして進んでもそれ以後の理解にはほとんど差し支えない．

3.1.1　ヘシアン

以後，特に断らない限り $h=0$ とする．2 次形式の形を具体的に求めるためにまず，変数を次のように書き換えると便利である．

$$\beta J\, q_{\alpha\beta} = y^{\alpha\beta}, \quad \sqrt{\beta J_0}\, m_\alpha = x^\alpha. \tag{3.1.2}$$

こうすると自由エネルギーは (2.2.11) 式より

$$[f] = -\frac{\beta J^2}{4} - \lim_{n\to 0}\frac{1}{\beta n}\max\left\{-\sum_{\alpha<\beta}\frac{1}{2}(y^{\alpha\beta})^2 - \sum_\alpha \frac{1}{2}(x^\alpha)^2 \right.$$
$$\left. + \log\ \mathrm{Tr}\exp\left(\beta J\sum_{\alpha<\beta} y^{\alpha\beta}S^\alpha S^\beta + \sqrt{\beta J_0}\sum_\alpha x^\alpha S^\alpha\right)\right\} \tag{3.1.3}$$

となる．レプリカ対称解のまわりの微小変位

$$x^\alpha = x + \epsilon^\alpha, \quad y^{\alpha\beta} = y + \eta^{\alpha\beta} \tag{3.1.4}$$

について $[f]$ を 2 次まで展開する．(3.1.3) 式の最後の項を $\epsilon^\alpha, \eta^{\alpha\beta}$ が小さいとして 2 次まで展開すると，$L_0 = \beta J y\sum_{\alpha<\beta} S^\alpha S^\beta + \sqrt{\beta J_0}x\sum_\alpha S_\alpha$ として

$$\log\ \mathrm{Tr}\exp\left(L_0 + \beta J\sum_{\alpha<\beta}\eta^{\alpha\beta}S^\alpha S^\beta + \sqrt{\beta J_0}\sum_\alpha \epsilon^\alpha S^\alpha\right)$$
$$\approx \frac{\beta J_0}{2}\sum_{\alpha\beta}\epsilon^\alpha\epsilon^\beta\langle S^\alpha S^\beta\rangle_{L_0} + \frac{\beta^2 J^2}{2}\sum_{\alpha<\beta}\sum_{\gamma<\delta}\eta^{\alpha\beta}\eta^{\gamma\delta}\langle S^\alpha S^\beta S^\gamma S^\delta\rangle_{L_0}$$
$$-\frac{\beta J_0}{2}\sum_{\alpha\beta}\epsilon^\alpha\epsilon^\beta\langle S^\alpha\rangle_{L_0}\langle S^\beta\rangle_{L_0} - \frac{\beta^2 J^2}{2}\sum_{\alpha<\beta}\sum_{\gamma<\delta}\eta^{\alpha\beta}\eta^{\gamma\delta}\langle S^\alpha S^\beta\rangle_{L_0}\langle S^\gamma S^\delta\rangle_{L_0}$$
$$-\beta J\sqrt{\beta J_0}\sum_\delta\sum_{\alpha<\beta}\epsilon^\delta\eta^{\alpha\beta}\langle S^\delta\rangle_{L_0}\langle S^\alpha S^\beta\rangle_{L_0}$$
$$+\beta J\sqrt{\beta J_0}\sum_\delta\sum_{\alpha<\beta}\epsilon^\delta\eta^{\alpha\beta}\langle S^\delta S^\alpha S^\beta\rangle_{L_0} \tag{3.1.5}$$

となる．ここで，$\langle\cdots\rangle_{L_0}$ はレプリカ対称解における重み e^{L_0} による平均である．レプリカ対称解は (3.1.3) 式の極値を与えるから ϵ^α と $\eta^{\alpha\beta}$ の 1 次の項は 0 になることと，2.3.1 節の脚注で述べたように $n\to 0$ で $\mathrm{Tr}\, e^{L_0}\to 1$ であることを使った．(3.1.3) 式のカッコ $\{\cdots\}$ 内の第 1, 2 項と合わせて，$[f]$ の $\epsilon^\alpha, \eta^{\alpha\beta}$ に関する 2 次の項 Δ は，βn 倍を除いて次のような形になる．

$$
\begin{aligned}
\Delta = &\frac{1}{2}\sum_{\alpha\beta}\Big(\delta_{\alpha\beta}-\beta J_0(\langle S^\alpha S^\beta\rangle_{L_0}-\langle S^\alpha\rangle_{L_0}\langle S^\beta\rangle_{L_0})\Big)\epsilon^\alpha\epsilon^\beta\\
&+\beta J\sqrt{\beta J_0}\sum_{\delta}\sum_{\alpha<\beta}(\langle S^\delta\rangle_{L_0}\langle S^\alpha S^\beta\rangle_{L_0}-\langle S^\alpha S^\beta S^\delta\rangle_{L_0})\epsilon^\delta\eta^{\alpha\beta}\\
&+\frac{1}{2}\sum_{\alpha<\beta}\sum_{\gamma<\delta}\Big(\delta_{(\alpha\beta)(\delta\gamma)}\\
&\quad-\beta^2J^2(\langle S^\alpha S^\beta S^\gamma S^\delta\rangle_{L_0}-\langle S^\alpha S^\beta\rangle_{L_0}\langle S^\gamma S^\delta\rangle_{L_0})\Big)\eta^{\alpha\beta}\eta^{\gamma\delta}.
\end{aligned}
\tag{3.1.6}
$$

この ϵ^α と $\eta^{\alpha\beta}$ についての 2 次形式の係数行列を G とする．G はヘシアン (Hessian) と呼ばれる．レプリカ対称解の安定条件より，G の固有値が正定値である必要がある．

まず G の行列要素を列挙する．$\langle\cdots\rangle_{L_0}$ はレプリカ対称解の重みによる平均であることに注意すると，ϵ の 2 次の係数は対角要素と非対角要素の 2 種類の値だけを取ることがわかる．以後本節では，表示を簡単にするために添字 L_0 は省略する．

$$G_{\alpha\alpha}=1-\beta J_0(1-\langle S^\alpha\rangle^2)\equiv A \tag{3.1.7}$$

$$G_{\alpha\beta}=-\beta J_0(\langle S^\alpha S^\beta\rangle-\langle S^\alpha\rangle^2)\equiv B. \tag{3.1.8}$$

次に η の 2 次の係数には 3 種類ある．対角要素と 2 種類の非対角要素である．非対角要素のうちの一つは，レプリカ番号が 1 つだけ一致するもの，もう一つはレプリカ番号がすべて異なるものである．

$$G_{(\alpha\beta)(\alpha\beta)}=1-\beta^2J^2(1-\langle S^\alpha S^\beta\rangle^2)\equiv P \tag{3.1.9}$$

$$G_{(\alpha\beta)(\alpha\gamma)}=-\beta^2J^2(\langle S^\beta S^\gamma\rangle-\langle S^\alpha S^\beta\rangle^2)\equiv Q \tag{3.1.10}$$

$$G_{(\alpha\beta)(\gamma\delta)}=-\beta^2J^2(\langle S^\alpha S^\beta S^\gamma S^\delta\rangle-\langle S^\alpha S^\beta\rangle^2)\equiv R. \tag{3.1.11}$$

最後に ϵ と η のクロス項には 2 種類ある．

$$G_{\alpha(\alpha\beta)} = \beta J\sqrt{\beta J_0}(\langle S^\alpha\rangle\langle S^\alpha S^\beta\rangle - \langle S^\beta\rangle) \equiv C \tag{3.1.12}$$

$$G_{\gamma(\alpha\beta)} = \beta J\sqrt{\beta J_0}(\langle S^\gamma\rangle\langle S^\alpha S^\beta\rangle - \langle S^\alpha S^\beta S^\gamma\rangle) \equiv D. \tag{3.1.13}$$

以上で G の要素は尽くされる．

(3.1.7)-(3.1.13) 式に現れる期待値はレプリカ対称解を使って具体的に計算できる．前章ですでに得られている (2.3.4) 式と (2.3.6) 式の $\langle S^\alpha\rangle = m$, $\langle S^\alpha S^\beta\rangle = q$ の他に

$$\langle S^\alpha S^\beta S^\gamma\rangle \equiv t = \int Dz \tanh^3 \beta\tilde{H}(z) \tag{3.1.14}$$

$$\langle S^\alpha S^\beta S^\gamma S^\delta\rangle \equiv r = \int Dz \tanh^4 \beta\tilde{H}(z) \tag{3.1.15}$$

が G の要素に入ってくる．(3.1.14) 式と (3.1.15) 式の最右辺の積分表式は，2.3.1 節の脚注で述べたような方針で導くことができる．

3.1.2　ヘシアンの固有値（1）

手始めに，一番簡単な常磁性相の安定性を調べよう．常磁性相はあらゆる秩序パラメータがすべて 0 である状態として定義されるから，m, q, r, t はすべて 0 である．それゆえ G の非対角項 B, Q, R, C, D もすべて 0 となる．さて，強磁性的な秩序パラメータの微小変位 ϵ^α に対する安定性の条件は $A > 0$ であるが，これは $m = 0$ のとき (3.1.7) 式より，$1 - \beta J_0 > 0$ つまり $q = 0$ なら $k_B T > J_0$ と等価である．またスピングラス的な微小変位 $\eta^{\alpha\beta}$ に対する安定性は $P > 0$ つまり $k_B T > J$ である．これら 2 つの条件は，2.3.2 節で調べたレプリカ対称解における常磁性相の存在領域とちょうど一致している（図 2.1 参照）．したがって，常磁性相においてはレプリカ対称解が安定である．

次に一般の場合の固有値と固有ベクトルを求める．固有値，固有ベクトルは 3 種類ある．本節ではそのひとつについて議論する．行列 G の次元は ϵ^α の空間と $\eta^{\alpha\beta}$ の空間次元の和の $n + n(n-1)/2 = n(n+1)/2$ であることに注意しておく．固有値方程式を

$$G\boldsymbol{\mu} = \lambda\boldsymbol{\mu}, \quad \boldsymbol{\mu} = \begin{pmatrix} \{\epsilon^\alpha\} \\ \{\eta^{\alpha\beta}\} \end{pmatrix} \tag{3.1.16}$$

と書くことにしよう．$\{\epsilon^\alpha\}$ の部分には ϵ^1 から ϵ^n が，$\{\eta^{\alpha\beta}\}$ の部分には η^{12} から $\eta^{n-1,n}$ が縦に並ぶ．

固有ベクトルには 3 種類ある．最初に $\epsilon^\alpha = a$，$\eta^{\alpha\beta} = b$ の形の解 $\boldsymbol{\mu}_1$を調べる．G の第 1 行目は $(A, B, \cdots, B, C, \cdots, C, D \cdots, D)$ であるから，固有値方程式 $G\boldsymbol{\mu}_1 = \lambda\boldsymbol{\mu}_1$の第 1 行目は

$$Aa + (n-1)Ba + (n-1)Cb + \frac{1}{2}(n-1)(n-2)Db = \lambda_1 a \tag{3.1.17}$$

となる．一方，同じ固有値方程式の下の部分（$\{\eta^{\alpha\beta}\}$ に相当する部分）は，G の該当する行が $(C, C, D, \cdots, D, P, Q, \cdots, Q, R, \cdots, R)$ であるから

$$2Ca + (n-2)Da + Pb + 2(n-2)Qb + \frac{1}{2}(n-2)(n-3)Rb = \lambda_1 b \tag{3.1.18}$$

である．最初の C の前の 2 は，$(\alpha\beta)$ を固定したとき $G_{\alpha(\alpha\beta)}$ と $G_{\beta(\alpha\beta)}$ がともに C であることから来る．D の前の $(n-2)$ は，$G_{\gamma(\alpha\beta)} = D$ を与えるレプリカ γ の数に対応する．Q の前の $2(n-2)$ は $G_{(\alpha\beta)(\alpha\gamma)} = Q$ になるレプリカの選び方の数，最後の $(n-2)(n-3)/2$ も同様である．(3.1.17) 式と (3.1.18) 式が a, b ともに 0 でない解を持つための条件から

$$\lambda_1 = \frac{1}{2}(X \pm \sqrt{Y^2 + Z}) \tag{3.1.19}$$

$$X = A + (n-1)B + P + 2(n-2)Q + \frac{1}{2}(n-2)(n-3)R \tag{3.1.20}$$

$$Y = A + (n-1)B - P - 2(n-2)Q - \frac{1}{2}(n-2)(n-3)R \tag{3.1.21}$$

$$Z = 2(n-1)\{2C + (n-2)D\}^2 \tag{3.1.22}$$

が得られる．$n \to 0$ でこの固有値は

$$\lambda_1 = \frac{1}{2}\left\{A - B + P - 4Q + 3R \pm \sqrt{(A - B - P + 4Q - 3R)^2 - 8(C - D)^2}\right\} \tag{3.1.23}$$

となる．

3.1.3　ヘシアンの固有値（2）

次に，ある特定のレプリカ θ で $\epsilon^{\theta} = a$, 他は $\epsilon^{\alpha} = b$ であり，さらに α あるいは β が θ に等しいとき $\eta^{\alpha\beta} = c$, そうでないときは $\eta^{\alpha\beta} = d$ となるような解 $\boldsymbol{\mu}_2$ を考察する．$\theta = 1$ として一般性を失わない．行列 G の第 1 行は $(A, B \cdots, B, C, \cdots, C, D, \cdots, D)$ という形である．B, C はともに $n-1$ 個，D は $(n-1)(n-2)/2$ 個現れる．ベクトル $\boldsymbol{\mu}_2$ は ${}^t(a, b, \cdots, b, c, \cdots, c, d, \cdots, d)$ である．ここでも b, c は $n-1$ 個，d は $(n-1)(n-2)/2$ 個続く．

固有値方程式 $G\boldsymbol{\mu}_2 = \lambda_2 \boldsymbol{\mu}_2$ の第 1 行は

$$Aa + (n-1)Bb + Cc(n-1) + \frac{1}{2}Dd(n-1)(n-2) = \lambda_2 a \qquad (3.1.24)$$

である．ところで，前節で求めた $\boldsymbol{\mu}_1$ と今議論している $\boldsymbol{\mu}_2$ は異なるものであるという直交性の条件を満たす必要がある．$\boldsymbol{\mu}_1$ と $\boldsymbol{\mu}_2$ の上半分（n 次元の分）の内積が 0 であり，しかも下半分の内積も 0 であればよい．$\boldsymbol{\mu}_1 = {}^t(x, x, \cdots, x, y, y, \cdots, y)$ とおくと

$$a + (n-1)b = 0, \quad c + \frac{1}{2}(n-2)d = 0 \qquad (3.1.25)$$

が得られる．すると (3.1.24) 式は

$$(A - \lambda_2 - B)a + (n-1)(C-D)c = 0 \qquad (3.1.26)$$

となる．

こんどは固有値方程式の下半分（$\{\eta^{\alpha\beta}\}$ に相当する部分）を考察しよう．関係する G の行は $(C, C, D, \cdots, D, P, Q, \cdots, Q, R, \cdots, R)$ である．ここで D は $n-2$ 個，Q は $2(n-2)$ 個，R は $(n-2)(n-3)/2$ 個並んでいる．$\boldsymbol{\mu}_2$ は ${}^t(a, b, \cdots, b, c, \cdots, c, d, \cdots, d)$ である．したがって

$$\begin{aligned} &aC + bC + (n-2)Db + Pc + (n-2)Qc + (n-2)Qd + \frac{1}{2}(n-2)(n-3)Rd \\ &= \lambda_2 c \end{aligned} \qquad (3.1.27)$$

であることがわかる．(3.1.25) 式を使うとこれは

$$\frac{n-2}{n-1}(C-D)a + \{P + (n-4)Q - (n-3)R - \lambda_2\}c = 0 \qquad (3.1.28)$$

と書ける．(3.1.26) 式と (3.1.28) 式が 0 でない解を持つ条件より

$$\lambda_2 = \frac{1}{2}(X \pm \sqrt{Y^2 + Z}) \tag{3.1.29}$$

$$X = A - B + P + (n-4)Q - (n-3)R \tag{3.1.30}$$

$$Y = A - B - P - (n-4)Q + (n-3)R \tag{3.1.31}$$

$$Z = 4(n-2)(C-D)^2 \tag{3.1.32}$$

が導かれる．$n \to 0$ の極限でこの固有値は λ_1 と縮退する．

ところで，特別扱いする θ の選び方には n 通りあり，したがって固有ベクトル $\boldsymbol{\mu}_2$ は n 種類選べる．$n(n+1)/2$ 次元の全空間のうち，$\{\epsilon^\alpha\}$ に相当する n 次元分がこれで尽くされる．この n 次元空間内に限って考えれば，すでに求められた $\boldsymbol{\mu}_1$ は $\boldsymbol{\mu}_2$ と独立ではありえない（n 個以上の独立なベクトルは存在しない）ので，結局 $\boldsymbol{\mu}_1$ と $\boldsymbol{\mu}_2$ であわせて n 個の独立なベクトルになる．λ_1, λ_2 それぞれの 2 重縮退も考慮して，結局，固有ベクトル $\boldsymbol{\mu}_1$ と $\boldsymbol{\mu}_2$ は合わせて $2n$ 次元の空間を張る．

3.1.4 ヘシアンの固有値（3）

3 種類目の固有ベクトルとして，特定の 2 つのレプリカ θ, ν について $\epsilon^\theta = a$, $\epsilon^\nu = a$, 他は $\epsilon^\alpha = b$, また $\eta^{\theta\nu} = c$, $\eta^{\theta\alpha} = \eta^{\nu\alpha} = d$, 他は $\eta^{\alpha\beta} = e$ となるような固有ベクトル $\boldsymbol{\mu}_3$ を探す．一般性を失わずに $\theta = 1$, $\nu = 2$ としてよい．

まず，$\boldsymbol{\mu}_1 = {}^t(x, \cdots, x, y \cdots, y)$ との直交性の十分条件より

$$2a + (n-2)b = 0, \quad c + 2(n-2)d + \frac{1}{2}(n-2)(n-3)e = 0. \tag{3.1.33}$$

$\boldsymbol{\mu}_3$ と $\boldsymbol{\mu}_2$ の直交性の十分条件を調べるために，$\boldsymbol{\mu}_2 = {}^t(x, y, \cdots, y, v, \cdots, v, w, \cdots, w)$ とおくと

$$\begin{aligned} &ax + ay + (n-2)by = 0,\ cv + (n-2)dv = 0, \\ &(n-2)dw + \frac{1}{2}(n-2)(n-3)ew = 0 \end{aligned} \tag{3.1.34}$$

が導かれる．この式と，前節で求めた (3.1.25) 式の条件 $x + (n-1)y = 0$ より

$$a - b = 0, \quad c + (n-2)d = 0, \quad d + \frac{1}{2}(n-3)e = 0 \tag{3.1.35}$$

が得られる．(3.1.33) 式と (3.1.35) 式より $a=b=0,\ c=(2-n)d,\ d=(3-n)e/2$ となる．この関係式より，固有値方程式の上半分（$\{\epsilon^\alpha\}$ の部分）は恒等式 $0=0$ となり，自動的に満たされることがわかる．固有値方程式は G の関係した行が $(\cdots,P,Q,\cdots,Q,R,\cdots,R)$ であり，$\boldsymbol{\mu}_3={}^t(0,\cdots,0,c,d,\cdots,d,e,\cdots,e)$ ゆえ

$$Pc+2(n-2)Qd+\frac{1}{2}(n-2)(n-3)Re=\lambda_3 c \tag{3.1.36}$$

であるが，(3.1.35) 式を使うとこれは

$$\lambda_3=P-2Q+R \tag{3.1.37}$$

となる．θ,ν の選び方の数から，λ_3 の縮退度は $n(n-1)/2$ であるように思えるかもしれないが，n 個のベクトルがすでに λ_1,λ_2 に相当して使われているので，実際の縮退度（独立なベクトルの数）は $n(n-3)/2$ である．λ_1,λ_2 の縮退度と合わせると $n(n+1)/2$，つまりこれで固有値をすべて尽くしていることがわかる．

3.1.5　AT 線

固有値がすべてわかったから次に，それぞれの固有値が正になる条件を調べよう．(3.1.23) 式より $\lambda_1,\lambda_2>0$ の十分条件は

$$A-B=1-\beta J_0(1-q)>0,\quad P-4Q+3R=1-\beta^2J^2(1-4q+3r)>0 \tag{3.1.38}$$

である．ところで，これら 2 つの条件は，レプリカ対称な自由エネルギー (2.3.3) を m あるいは q で 2 階微分すればわかるように，秩序パラメータの変化に対して鞍点になっていることと等価である．

$$A-B=\frac{1}{J_0}\frac{\partial^2[f]}{\partial m^2}\bigg|_{\mathrm{RS}}>0,\quad P-4Q+3R=-\frac{2}{\beta J^2}\frac{\partial^2[f]}{\partial q^2}\bigg|_{\mathrm{RS}}>0. \tag{3.1.39}$$

2.3.2 節で述べたように，これらの不等式は常に成立している．

λ_3 が正になる条件は

$$P-2Q+R=1-\beta^2J^2(1-2q+r)>0 \tag{3.1.40}$$

より

$$\left(\frac{k_B T}{J}\right)^2 > \int Dz\,\mathrm{sech}^4(\beta J\sqrt{q}\,z + \beta J_0 m) \qquad (3.1.41)$$

となる．レプリカ対称な秩序パラメータの状態方程式 (2.3.4) および (2.3.6) を数値的に解いて (3.1.41) 式に代入すると，不等式 (3.1.41) が図 2.1 のスピングラス相と混合相（M）で破れていることが明らかになる*1．安定性の限界を表す線（強磁性相と混合相の境界）を **AT**（de Almeida-Thouless）線と呼ぶ．混合相では強磁性的な秩序はあるが，レプリカ対称解は不安定であり，次節で説明するような立ち入った解析が必要である．

$J_0 = 0$ で外部磁場 h がある場合のレプリカ対称性の安定性もまったく同様にして調べられる．結果だけ述べておくと，安定性の条件は (3.1.41) で $J_0 m$ を h で置き換えるだけでよい．得られる相図は図 3.1 の通りである．低磁場側でレプリカ対称性が破れた相が広がっている．この相もスピングラス相と呼ばれることが多い．

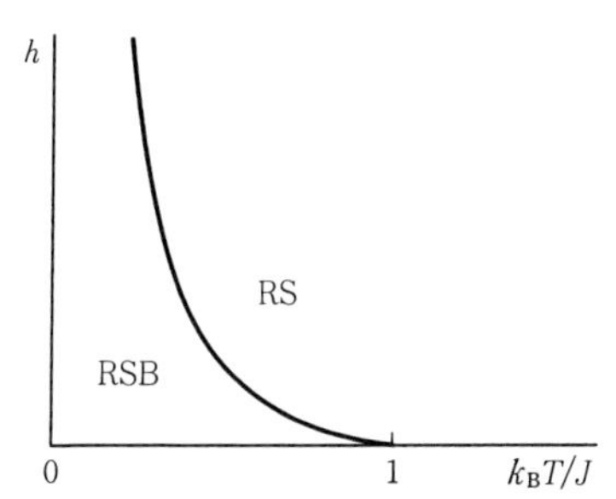

図 3.1　h-T 相図でのレプリカ対称解の安定限界 (AT 線)

3.2　レプリカ対称性の破れ

レプリカ対称性の破れを起こす 3 番目の固有ベクトル $\boldsymbol{\mu}_3$ を**レプリコン・モード** (replicon mode) という．(3.1.33) 式あるいは (3.1.35) 式からわかるようにレ

---

*1　スピングラス相内で転移点に近いところでは，(2.3.6) 式を T_f 付近で q について 3 次まで展開して q の温度依存性を求め，(3.1.41) 式を q について 2 次まで展開した式に代入することによっても，安定性条件の破れを確かめることができる．

プリコン・モードでは $n \to 0$ で $a = b$ ゆえ，m_α についてはレプリカ対称性の破れはおきない．$q_{\alpha\beta}$ のみ α, β 依存性を示す．そこで $q_{\alpha\beta}$ が具体的にどのように α, β に依存しているかを明らかにする必要があるが，正しい解に演繹的に導いてくれる理論的な指針は見つかっていない．いろいろなやり方を試してみて，それが正しい解の持つべき必要条件を満たしているかどうかを調べていくしか方法がない．判定基準となる必要条件としては，エントロピーが正であること，レプリコン・モードの固有値が負にならないことなどがある．

現在までに調べられた解の中で，これらの条件を満たす唯一のものは Parisi による解である．**Parisi 解**（Parisi solution）はその物理的な内容の豊富さから考えてもおそらく SK 模型の厳密解であると信じられている．SK 模型の Parisi 解ではレプリカ対称性は何段階にもわたって階層的に破れている．本節では，主にその最初の段階について説明する．

3.2.1　Parisi 解

SK 模型のレプリカ対称解で $q_{\alpha\beta}$ を $n \times n$ 行列の要素と見なすと，対角成分以外は同じ値 q を持つから

$$\{q_{\alpha\beta}\} = \begin{pmatrix} 0 & & & & & \\ & 0 & & q & & \\ & & 0 & & & \\ & & & 0 & & \\ & q & & & 0 & \\ & & & & & 0 \end{pmatrix}. \tag{3.2.1}$$

次に，第 1 段階の**レプリカ対称性の破れ**（Replica Symmetry Breaking - **RSB**）では，正の整数 $m_1 (\leqq n)$ を導入して n 個のレプリカを n/m_1 個に分割し，非対角ブロックには q_0，対角ブロックには q_1 を割り当てる．対角要素は常に 0 のままである．次の例では $n = 6$，$m_1 = 3$ である．

$$
\left(\begin{array}{ccc|ccc}
0 & q_1 & q_1 & & & \\
q_1 & 0 & q_1 & & q_0 & \\
q_1 & q_1 & 0 & & & \\
\hline
 & & & 0 & q_1 & q_1 \\
 & q_0 & & q_1 & 0 & q_1 \\
 & & & q_1 & q_1 & 0
\end{array}\right). \tag{3.2.2}
$$

さらに，第2段階では非対角ブロックはそのままにして対角ブロックを m_1/m_2 個に分け，最も内側の対角ブロックでは q_2 とし，大きな対角ブロック内のそれ以外の要素は q_1 そのままにする．例えば $n=12$, $m_1=6$, $m_2=3$ ならば

$$
\left(\begin{array}{ccc|ccc|ccc|ccc}
0 & q_2 & q_2 & & & & & & & & & \\
q_2 & 0 & q_2 & & q_1 & & & & & & & \\
q_2 & q_2 & 0 & & & & & & & & & \\
\cline{1-6}
 & & & 0 & q_2 & q_2 & & & q_0 & & & \\
 & q_1 & & q_2 & 0 & q_2 & & & & & & \\
 & & & q_2 & q_2 & 0 & & & & & & \\
\hline
 & & & & & & 0 & q_2 & q_2 & & & \\
 & & & & & & q_2 & 0 & q_2 & & q_1 & \\
 & & & & & & q_2 & q_2 & 0 & & & \\
\cline{7-12}
 & & & q_0 & & & & & & 0 & q_2 & q_2 \\
 & & & & & & & q_1 & & q_2 & 0 & q_2 \\
 & & & & & & & & & q_2 & q_2 & 0
\end{array}\right). \tag{3.2.3}
$$

ところで，$n, m_1, m_2, \cdots$ は整数であり $n \geqq m_1 \geqq m_2 \geqq \cdots \geqq 1$ の順序を持っている．ここで関数 $q(x)$ を

$$
q(x) = q_i \quad (m_{i+1} < x \leqq m_i) \tag{3.2.4}
$$

と定義する．こうしておいてからレプリカ法の処方箋にしたがって $n \to 0$ とする．このとき上の不等号を逆転させ，

$$
0 \leqq m_1 \leqq \cdots \leqq 1 \quad (0 \leqq x \leqq 1) \tag{3.2.5}
$$

とし，同時に $q(x)$ は 0 と 1 の間で定義された連続関数に移行するとする．これ

が Parisi 解の基本的な考え方である．

3.2.2　第 1 段階の RSB

以上のような RSB での物理量の具体的な計算の手順を，(3.2.2) 式で表される第 1 段階の RSB（1RSB）で例示する．まず，一体問題化された系の有効ハミルトニアン (2.2.9) の右辺第 1 項は

$$\sum_{\alpha<\beta} q_{\alpha\beta} S^\alpha S^\beta = \frac{1}{2}\left\{ q_0 (\sum_{\alpha}^{n} S^\alpha)^2 + (q_1 - q_0) \sum_{\text{block}}^{n/m_1} (\sum_{\alpha\in\text{block}}^{m_1} S^\alpha)^2 - nq_1 \right\} \tag{3.2.6}$$

となる．この右辺第 1 項は行列 $\{q_{\alpha\beta}\}$ のすべての要素を q_0 で埋め尽くすが，ブロック対角部分は第 2 項により q_1 で置き換えられる．最後の項は，対角要素を 0 にするためにある．同様にして，自由エネルギー (2.2.11) で $q_{\alpha\beta}$ についての 2 次の項は

$$\begin{aligned} \lim_{n\to 0} \frac{1}{n} \sum_{\alpha\neq\beta} q_{\alpha\beta}^2 &= \lim_{n\to 0} \frac{1}{n} \left\{ n^2 q_0^2 + \frac{n}{m_1} m_1^2 (q_1^2 - q_0^2) - nq_1^2 \right\} \\ &= (m_1 - 1) q_1^2 - m_1 q_0^2. \end{aligned} \tag{3.2.7}$$

(3.2.6) 式と (3.2.7) 式を (2.2.11) 式に代入し，レプリカ対称解を求めたときと同じように (3.2.6) 式に現れる $(\sum_\alpha S^\alpha)^2$ を Gauss 積分により線形化する．(3.2.6) 式での $(\sum_\alpha S^\alpha)^2$ の個数に対応して，Gauss 積分変数が $1 + n/m_1$ 個必要となる．最後に $n \to 0$ の極限を取ると 1RSB での自由エネルギーが次のようになる．

$$\begin{aligned} \beta f_{\text{1RSB}} = \frac{\beta^2 J^2}{4} &\left\{ (m_1 - 1) q_1^2 - m_1 q_0^2 + 2q_1 - 1 \right\} + \frac{\beta J_0}{2} m^2 - \log 2 \\ &- \frac{1}{m_1} \int Du \log \int Dv \cosh^{m_1} \Xi \end{aligned} \tag{3.2.8}$$

$$\text{ただし，}\ \Xi = \beta (J\sqrt{q_0}\, u + J\sqrt{q_1 - q_0}\, v + J_0 m + h). \tag{3.2.9}$$

磁化はレプリカ対称であること $m = m_\alpha$ を使った．

変分パラメータ q_0, q_1, m, m_1 はいずれも 0 と 1 の間の数である．m, q_0, q_1 についての (3.2.8) 式の変分条件（極値条件）より，次の状態方程式が導かれる．

$$m = \int Du \frac{\int Dv \cosh^{m_1} \Xi \tanh \Xi}{\int Dv \cosh^{m_1} \Xi} \tag{3.2.10}$$

$$q_0 = \int Du \left(\frac{\int Dv \cosh^{m_1} \Xi \tanh \Xi}{\int Dv \cosh^{m_1} \Xi} \right)^2 \tag{3.2.11}$$

$$q_1 = \int Du \frac{\int Dv \cosh^{m_1} \Xi \tanh^2 \Xi}{\int Dv \cosh^{m_1} \Xi}. \tag{3.2.12}$$

秩序パラメータが満たすこれらの状態方程式をレプリカ対称解の状態方程式 (2.3.4) および (2.3.6) と比較すると，次のような解釈が可能になる．m を表す (3.2.10) 式は，Du の後の被積分関数が 1RSB の行列 (3.2.2) のブロック内での磁化を表し，それをすべてのブロックについて Gauss の重みで平均していると見ることができる．これに対応して，q_1 の (3.2.12) 式は各対角ブロック内のスピングラス秩序パラメータの全体での平均であり，q_0 の (3.2.11) 式はブロック内磁化のブロック間での内積を取って平均したブロック間スピングラス秩序パラメータである．実際，$q_{\alpha\beta}$ の定義式 (2.2.12) において α と β を同一ブロック内に取って Tr の計算を 1RSB の仮定のもとで実行すれば，(3.2.12) 式が得られるし，α と β が別のレプリカなら (3.2.11) 式になる．Schwarz の不等式により $q_1 \geqq q_0$ である．

なお，パラメータ m_1 についても自由エネルギー (3.2.9) の変分条件の式を書き下すことはできるが，かなり込み入った形になるし後で使わないのでここでは省略する．

$J_0 = h = 0$ のときには Ξ が u, v について奇関数であることから $m = 0$ が (3.2.10) 式の唯一の解である．(3.2.12) 式の右辺を q_0 と q_1 が小さいとして展開すると，最初に出てくる項が $\beta^2 J^2 q_1$ になるから，q_1 は $T < T_f = J/k_B$ で正の値を持つ．よって，転移点は RS と 1RSB で同じである．m_1 は T_f で 1 であり，温度とともに減少する．

3.2.3　第1段階のRSBの安定性

1RSBの安定性も3.1節での議論をそのまま拡張して調べることができる．簡単のために，$J_0 = h = 0$ の場合に限り，要点のみを述べる．ヘシアンの行列要素 (3.1.9), (3.1.10), (3.1.11) のインデックス $\alpha, \beta, \gamma, \delta$ が同じブロック内にあるときと異なるブロック間にまたがっているときの2つの場合に分ければよい．$q_{\alpha\beta}$ で α と β が同じブロック内に属するとき1RSBからのわずかなずれに対するレプリコン・モードについての安定性の条件は

$$\lambda_3 = P - 2Q + R = 1 - \beta^2 J^2 \int Du \frac{\int Dv \cosh^{m_1 - 4} \Xi}{\int Dv \cosh^{m_1} \Xi} > 0. \qquad (3.2.13)$$

一方，異なるブロック間のレプリコン・モードに対しては

$$\lambda_3 = P - 2Q + R = 1 - \beta^2 J^2 \int Du \left(\frac{\int Dv \cosh^{m_1 - 1} \Xi}{\int Dv \cosh^{m_1} \Xi} \right)^4 > 0 \quad (3.2.14)$$

となる．Schwarzの不等式より，(3.2.13) 式の右辺の方が (3.2.14) 式の右辺より小さいか等しいから，安定性の条件としては前者だけでよい．

(3.2.13) 式はレプリカ対称解の場合と同様にスピングラス相では満たされない．しかし，λ_3 は負ながらレプリカ対称解の λ_3 より絶対値が小さくなり，不安定性が緩和される傾向にある*2．また $J_0 = 0$, $T = 0$ での1スピンあたりのエントロピーもRSでの値 -0.16 から -0.01 まで減少し，負であることによる不合理が軽減される．そこで，レプリカ対称性の破れを第1段階よりさらに進めるとよりよい結果になるものと期待できる．

3.3　完全なRSB解

多段階のRSBでの自由エネルギー (2.2.11) の計算に進もう．簡単のため $J_0 = 0$ とする．

---

*2　このことを確かめるには，例えば $T \approx T_f$ として $\Delta T = (T - T_f)/T_f$ の2次まで各量の展開形を計算し，それを使って λ_3 を求めればよい．

3.3.1 q のべきの和の積分表現

まず $q_{\alpha\beta}^2$ の和の項については，1RSB での計算例 (3.2.7) からの類推により，各ブロックの要素の数を数え上げて，K 段階目の RSB（K-RSB）では次の関係が成立することが理解できる．l は任意の整数である．

$$\begin{aligned}\sum_{\alpha\neq\beta} q_{\alpha\beta}^l & \\ &= q_0^l n^2 + (q_1^l - q_0^l)m_1^2\cdot\frac{n}{m_1} + (q_2^l - q_1^l)m_2^2\cdot\frac{m_1}{m_2}\cdot\frac{n}{m_1} + \cdots - q_K^l\cdot n \\ &= n\sum_{j=0}^{K}(m_j - m_{j+1})q_j^l \qquad (3.3.1)\end{aligned}$$

ただし $m_0 = n$，$m_{K+1} = 1$ である．$n\to 0$ の極限を取り $m_j - m_{j+1}\to -dx$ とすると

$$\frac{1}{n}\sum_{\alpha\neq\beta} q_{\alpha\beta}^l \to -\int_0^1 q^l(x)dx \qquad (3.3.2)$$

という置き換えが成立する．

$J_0 = 0$，$h = 0$ での内部エネルギーは，自由エネルギー (2.2.11) の β での微分より

$$E = -\frac{\beta J^2}{2}\left(1 + \frac{2}{n}\sum_{\alpha<\beta} q_{\alpha\beta}^2\right) \to -\frac{\beta J^2}{2}\left(1 - \int_0^1 q^2(x)dx\right). \qquad (3.3.3)$$

また磁化率は (2.2.11) 式の h での 2 階微分より

$$\chi = \beta\left(1 + \frac{1}{n}\sum_{\alpha\neq\beta} q_{\alpha\beta}\right) \to \beta\left(1 - \int_0^1 q(x)dx\right) \qquad (3.3.4)$$

と表される．

3.3.2 Parisi 方程式

次に，自由エネルギー (2.2.11) の中に出てくる $\mathrm{Tr}\, e^L$ の項を求める．$\beta = J = 1$ とおき，最後に次元を考慮してこれらの量を復活させることにする．3.2.1 節で述べた行列の形 (3.2.3) からわかるように，一番対角成分に近いところには q_K が並ぶ．そこで，まず $q_{\alpha\beta}S^\alpha S^\beta$ の和において対角項 $q_{\alpha\alpha}$ を残したまま計算して，最後にこれを打ち消すべく βf に $\beta^2 J^2 q_K/2$（$q_K\to q(1)$）を加えればよい．

そこで

$$G = \mathrm{Tr}\exp\left(\frac{1}{2}\sum_{\alpha,\beta=1}^{n} q_{\alpha\beta}S^\alpha S^\beta + h\sum_{\alpha}^{n} S^\alpha\right)$$

$$= \exp\left(\frac{1}{2}\sum_{\alpha,\beta} q_{\alpha\beta}\frac{\partial^2}{\partial h_\alpha \partial h_\beta}\right)\prod_{\alpha} 2\cosh\, h_\alpha\Big|_{h_\alpha=h} \tag{3.3.5}$$

を求めることにする．もし $q_{\alpha\beta}$ がすべて q（つまりレプリカ対称解）なら話は簡単で

$$G = \exp\left(\frac{q}{2}\frac{\partial^2}{\partial h^2}\right)(2\cosh\, h)^n \tag{3.3.6}$$

となる．ここで，

$$\sum_{\alpha}\frac{\partial f(h_1,\cdots,h_n)}{\partial h_\alpha}\Big|_{h_\alpha=h} = \frac{\partial f(h,\cdots,h)}{\partial h} \tag{3.3.7}$$

を使った．

RS ではなく例えば 2RSB だと，行列次元を m_2, m_1, n と上げていくことによって $n\times n$ の行列 $\{q_{\alpha\beta}\}$ に次の 3 段階で到達できることに着目する．

（2-1）　$(q_2-q_1)I(m_2)$．ここで $I(m_2)$ はすべての要素が 1 の $m_2\times m_2$ 行列である．

（2-2）　$(q_2-q_1)\,\mathrm{Diag}_{m_1}[I(m_2)]+(q_1-q_0)I(m_1)$．ここで $\mathrm{Diag}_{m_1}[I(m_2)]$ は対角ブロックすべてに $I(m_2)$ を配置し，そのほかの要素は 0 とした $m_1\times m_1$ 行列である．第 2 項 $(q_1-q_0)I(m_1)$ はすべての要素を q_1-q_0 にするが，第 1 項によって対角ブロック部分は q_2-q_0 で置き換えられる．

（2-3）　$(q_2-q_1)\,\mathrm{Diag}_n[\mathrm{Diag}_{m_1}[I(m_2)]]+(q_1-q_0)\,\mathrm{Diag}_n[I(m_1)]+q_0I(n)$．第 3 項ですべての要素をまず q_0 にしておき，第 2 項で $m_1\times m_1$ の大きさを持つ対角ブロック部分を q_1 に置き換える．さらに第 1 項により $m_2\times m_2$ の最内側対角ブロック内の要素が q_2 になる．

同様に，一般の K-RSB では

（K-1）　$(q_K-q_{K-1})I(m_K)$　（$m_K\times m_K$ 行列）

（K-2）　$(q_K-q_{K-1})\mathrm{Diag}_{K-1}[I(m_K)]+(q_{K-1}-q_{K-2})I(m_{K-1})$　（$m_{K-1}\times m_{K-1}$ 行列）

などと続く．上記（K-1）で決まる $m_K\times m_K$ 行列での Tr の演算を実行したと

する．その結果を $g(m_K,h)$ と書くと，（K-1）の行列は一定の要素 $q_K - q_{K-1}$ のみを持ちレプリカ対称解に対応するから，(3.3.6) 式より

$$g(m_K,h) = \exp\left\{\frac{1}{2}(q_K - q_{K-1})\frac{\partial^2}{\partial h^2}\right\}(2\cosh\ h)^{m_K} \qquad (3.3.8)$$

である．

次の段階（K-2）に進もう．（K-2）に記した行列が (3.3.5) 式の $q_{\alpha\beta}$ に入り，$(q_K - q_{K-1})\ \mathrm{Diag}_{K-1}[I(m_K)]$ の項と $(q_{K-1} - q_{K-2})I(m_{K-1})$ の項の和が指数関数の肩に乗る．前者の寄与はすでに求めた (3.3.8) 式の $g(m_K,h)$ で表され，これが m_{K-1}/m_K 個現れる．後者は一様な要素を持つ行列だからレプリカ対称解と同じ計算法が使える．こうして，$g(m_{K-1},h)$ は次の形で表されることがわかる．

$$g(m_{K-1},h) = \exp\left\{\frac{1}{2}(q_{K-1} - q_{K-2})\frac{\partial^2}{\partial h^2}\right\}[g(m_K,h)]^{m_{K-1}/m_K}. \qquad (3.3.9)$$

これを繰り返して，最終的に

$$G = g(n,h) = \exp\left\{\frac{1}{2}q(0)\frac{\partial^2}{\partial h^2}\right\}[g(m_1,h)]^{n/m_1} \qquad (3.3.10)$$

に到達する．$n \to 0$ として連続化すると，$m_j - m_{j+2} = -dx$ として (3.3.9) 式は微分の関係式

$$g(x+dx,h) = \exp\left\{-\frac{1}{2}dq(x)\frac{\partial^2}{\partial h^2}\right\}g(x,h)^{1+d\log\ x} \qquad (3.3.11)$$

になる．また (3.3.8) 式は $m_K \to 1$，$q_K - q_{K-1} \to 0$ となり，$g(1,h) = 2\cosh\ h$ に帰着する．(3.3.11) 式から得られる微分方程式

$$\frac{\partial g}{\partial x} = -\frac{1}{2}\frac{dq}{dx}\frac{\partial^2 g}{\partial h^2} + \frac{1}{x}g\log\ g \qquad (3.3.12)$$

を関数 $f_0(x,h) = (1/x)\log\ g(x,h)$ を使って書き換えると

$$\frac{\partial f_0}{\partial x} = -\frac{1}{2}\frac{dq}{dx}\left\{\frac{\partial^2 f_0}{\partial h^2} + x\left(\frac{\partial f_0}{\partial h}\right)^2\right\} \qquad (3.3.13)$$

となる．さらに $n \to 0$ とすると，(3.3.10) 式より

$$\frac{1}{n}\log \mathrm{Tr}\, e^L = \exp\left(\frac{1}{2}q(0)\frac{\partial^2}{\partial h^2}\right)\frac{1}{x}\log\, g(x,h)\Big|_{x,h\to 0}$$
$$= \exp\left(\frac{1}{2}q(0)\,\frac{\partial^2}{\partial h^2}\right) f_0(0,h)\Big|_{h\to 0}$$
$$= \int Du\, f_0(0,\sqrt{q(0)}u) \tag{3.3.14}$$

が導かれる．ここでは $h=0$ に話を限った．最後の等式は，例えば $f_0(0,h)$ を h でべき展開することにより確かめられる．以上より，自由エネルギー (2.2.11) は

$$\beta f = -\frac{\beta^2 J^2}{4}\left\{1+\int_0^1 q(x)^2 dx - 2q(1)\right\} - \int Du\, f_0(0,\sqrt{q(0)}u) \tag{3.3.15}$$

となる．ここで f_0 は次の方程式（**Parisi 方程式**）

$$\frac{\partial f_0(x,h)}{\partial x} = -\frac{J^2}{2}\frac{dq}{dx}\left\{\frac{\partial^2 f_0}{\partial h^2} + x\left(\frac{\partial f_0}{\partial h}\right)^2\right\} \tag{3.3.16}$$

の，初期条件 $f_0(1,h)=\log\, 2\cosh\,\beta h$ での解である．ここで，次元が正しくなるよう β, J を復活した．

3.3.3　転移点付近での秩序パラメータ

自由エネルギー (3.3.15) の関数 $q(x)$ に関する極値条件を解くのは一般には非常に難しいが，転移点付近で $q(x)$ が小さい場合には Landau 展開により具体的な解析が実行できる．この計算の概略を説明する．

$J_0=h=0$ として自由エネルギー (2.2.11) を $q_{\alpha\beta}$ について 4 次まで展開すると，q によらない項をのぞいて

$$\beta f = \lim_{n\to 0}\frac{1}{n}\left\{\frac{1}{4}\left(\frac{T^2}{T_f^2}-1\right)\mathrm{Tr}\, Q^2 - \frac{1}{6}\mathrm{Tr}\, Q^3 - \frac{1}{8}\mathrm{Tr}\, Q^4 + \frac{1}{4}\sum_{\alpha\neq\beta\neq\gamma} Q_{\alpha\beta}^2 Q_{\alpha\gamma}^2 - \frac{1}{12}\sum_{\alpha\neq\beta} Q_{\alpha\beta}^4\right\} \tag{3.3.17}$$

となることがわかる．ここでの Tr はレプリカ空間での対角和を表す．$Q_{\alpha\beta}=(\beta J)^2 q_{\alpha\beta}$ である．RSB に関与するのは最後の項だけである．実際，この項の係数を $-y$ と置くと（y は実際には 1/12），レプリカ対称解の安定性を決めるレプリコン・モードの固有値は，$\theta=(T_f-T)/T_f$ として

$$\lambda_3 = -16y\theta^2 \tag{3.3.18}$$

であることがわかる．そこで，$Q^4_{\alpha\beta}$ 以外の 4 次の項を無視し，$n \to 0$ とすると

$$\beta f = \frac{1}{2}\int_0^1 dx\left\{|\theta|q^2(x) - \frac{1}{3}xq^3(x) - q(x)\int_0^x q^2(y)dy + \frac{1}{6}q^4(x)\right\} \tag{3.3.19}$$

が得られる．$q(x)$ についての変分条件は

$$2|\theta|q(x) - xq^2(x) - \int_0^x q^2(y)dy - 2q(x)\int_x^1 q(y)dy + \frac{2}{3}q^3(x) = 0. \tag{3.3.20}$$

これを x について微分すると

$$|\theta| - xq(x) - \int_x^1 q(y)dy + q^2(x) = 0 \quad \text{または} \quad q'(x) = 0. \tag{3.3.21}$$

さらに微分して

$$q(x) = \frac{x}{2} \quad \text{または} \quad q'(x) = 0. \tag{3.3.22}$$

レプリカ対称解は定数の $q(x)$ に相当している．この定数は (3.3.20) 式より $|\theta|$ である．定数でない連続解は

$$q(x) = \frac{x}{2} \quad (0 \leqq x \leqq x_1 = 2q(1)) \tag{3.3.23}$$

$$q(x) = q(1) \quad (x_1 \leqq x \leqq 1). \tag{3.3.24}$$

これを変分条件 (3.3.20) に入れると

$$q(1) = |\theta| + O(\theta^2) \tag{3.3.25}$$

が得られる．こうして，θ が 0 に近いとき（転移点付近），$q(x)$ が図 3.2 のよう

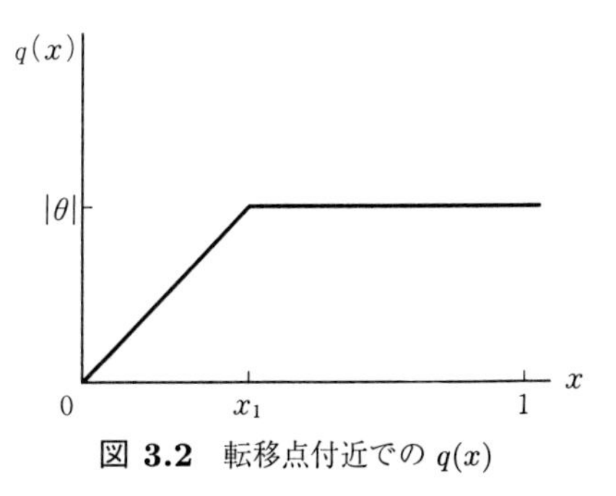

図 3.2 転移点付近での $q(x)$

になることがわかった．

3.3.4　相境界の垂直性

磁化率は (3.3.23)-(3.3.25) 式より (3.3.4) 式の q についての積分の部分が $1-T/T_f$ になるから，定数 $\chi=1/J$ である．実は，この結果は転移点付近に限らず T_f 以下で常に成立することがわかっている．これを証明抜きで使うことにすれば，次のような議論からスピングラス相と強磁性相の境界は図 2.1 で $J_0=J$ での垂直な線になることが示せる．

SK 模型のハミルトニアン (2.2.1) を見ると，J_{ij} の分布の中心を 0 から J_0/N にずらすと，1 スピンあたりのエネルギーは $J_0=0$ のときに比べて $-J_0m^2/2$ だけ変化することが理解できる．したがって，T と m の関数としての自由エネルギー（Helmholtz の自由エネルギー）$A(T,m,J_0)$ は

$$A(T,m,J_0)=A(T,m,0)-\frac{1}{2}J_0m^2 \tag{3.3.26}$$

を満たす*3．一方，熱力学の関係式

$$\frac{\partial A(T,m,0)}{\partial m}=h \tag{3.3.27}$$

と，$J_0=0$ のときには $h=0$ で $m=0$ であることを使って

$$\chi^{-1}=\left\{\left.\frac{\partial m}{\partial h}\right|_{h\to 0}\right\}^{-1}=\left.\frac{\partial^2 A(T,m,0)}{\partial m^2}\right|_{m\to 0} \tag{3.3.28}$$

が成立する．よって，十分小さな m に対して

$$A(T,m,0)=A_0(T)+\frac{1}{2}\chi^{-1}m^2 \tag{3.3.29}$$

(3.3.26) 式と (3.3.29) 式より

$$A(T,m,J_0)=A_0(T)+\frac{1}{2}(\chi^{-1}-J_0)m^2 \tag{3.3.30}$$

となるが，これは $\chi=1/J_0$ のとき $A(T,m,J_0)$ の m^2 の係数が 0 になり，Landau 理論により強磁性相と非強磁性相の間の転移が起きることを意味している．$T<$

---

*3　これまで扱ってきた自由エネルギー f は，T と h の関数としての Gibbs の自由エネルギーである．

T_f で $\chi = 1/J$ ゆえ，$J_0 = J$ に強磁性相とスピングラス相の境界が存在することが結論づけられる．

Parisi 解の安定性についても詳細な研究があり，レプリコン・モードの固有値がちょうど 0 になることがわかっている．すなわち，Parisi の RSB 解は安定性が成立するぎりぎりの境界に位置している．最小固有値が負にならない解はこれ以外に見つかっていない．

3.4　レプリカ対称性の破れの意味

前節で述べたような形の Parisi タイプのレプリカ対称性の破れ（RSB）は，本来レプリカ対称解の矛盾を解決するための数学的手段として導入されたのであるが，その背後には深い物理的内容が隠されている．

3.4.1　多谷構造

強磁性体では，自由エネルギーは状態の関数として図 3.3 の左側のような単純な構造をしている．一方，スピングラスの SK 模型では右側の図のようにたくさんの最小値があり，それらの間の障壁の高さは系の大きさとともにいくらでも大きくなると考えられる．実際，こう仮定すると以下のように RSB 解の意味がよく理解できるようになる．

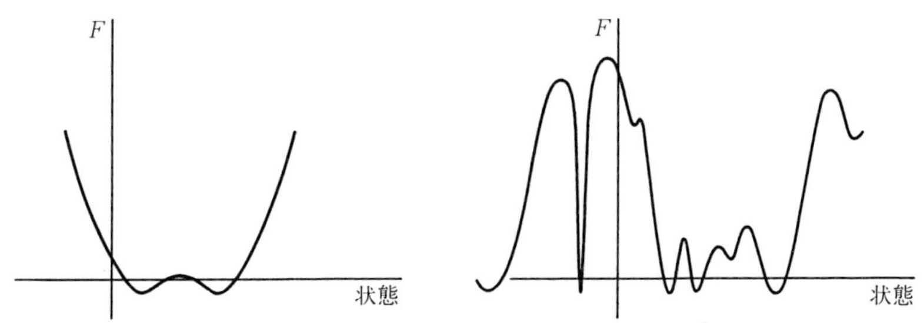

図 3.3　単純な自由エネルギー空間（左）と多谷構造を持つ自由エネルギー空間（右）

系の大きさは無限ではないが，十分大きいとしよう．すると，系は自由エネルギーの特定の最小値の周りにある谷の中に相当長い間とらえられているが，きわめて長時間の後には，谷の間の障壁を越えて移動し，究極的にはすべての谷を巡ることになる．したがって，ある程度以下の時間スケールで見ると物理量は１つの谷の性質で決まるが，非常に長い時間をかければ，すべての谷の性質を反映した通常の統計力学的な期待値が観測されるようになる．以下では，自由エネルギーの谷を番号 a で区別し，この谷の中だけに状態を限定して求められた磁化を $m_i^a = \langle S_i \rangle_a$ とする．これは，強磁性模型で言えば，例えば $m > 0$ の範囲に状態を限定したことに相当している．

3.4.2　q_{EA} と $\overline{q}$

１つの谷の中にいるときのスピンの揃い具合を見るには，まず十分大きな系の極限を取って隣の谷との間の障壁を無限に大きくする．このとき，谷の間の遷移は無視できて，１つの谷の中での長時間の振る舞いを見ることが可能になる．そこで q_{EA} を次のように定義する．

$$q_{EA} = \lim_{t\to\infty} \lim_{N\to\infty} [\langle S_i(t_0) S_i(t_0+t) \rangle]. \qquad (3.4.1)$$

適当な初期時刻 t_0 からはじめて，あるサイト i のスピンが長時間の後にどのくらい初期状態と類似しているかを見るのである．この量はその物理的な意味から言って，１つの谷の中での局所磁化の２乗 $(m_i^a)^2$ の期待値に等しいと考えられるから

$$q_{EA} = \sum_a P_a \left(m_i^a\right)^2 = \sum_a P_a \frac{1}{N} \sum_i \left(m_i^a\right)^2 \qquad (3.4.2)$$

と表すことができる．ここで P_a は系が谷 a にある確率 $P_a = e^{-\beta F_a}/Z$ である．F_a は谷 a に状態を限定したときの自由エネルギーである．２番目の等式では局所磁化の２乗が平均的には場所によらないことを仮定している．

一方，きわめて長時間の観測に相当して全部の谷にわたる平均（本来の意味での統計力学的平均）を取った秩序パラメータを $\overline{q}$ と定義すると

$$\overline{q} = [(\sum_a P_a m_i^a)^2] = [\sum_{ab} P_a P_b m_i^a m_i^b] = \frac{1}{N} \sum_{ab} P_a P_b \sum_i m_i^a m_i^b \qquad (3.4.3)$$

となるが，$m_i = \sum_a P_a m_i^a$ よりこれは

$$\overline{q} = [m_i^2] = [\langle S_i \rangle^2] \qquad (3.4.4)$$

と書くこともできる．(3.4.3) 式の最後の表式からわかるように，$\overline{q}$ は異なる谷

の間の重なりもすべて考慮した平均値であり，谷の間の移り変わりも許すような時間スケールでの平均として妥当な量である．

もし，谷が 1 つしかないなら $q_{EA} = \overline{q}$ であるが，一般には $q_{EA} > \overline{q}$ であり，これら 2 つの秩序パラメータの差 $\Delta = q_{EA} - \overline{q}$ は多谷構造の有無を判定する目安になる．一般には，谷の間の遷移が起きる程度に応じて $\overline{q}$ から q_{EA} の間の様々な値の秩序パラメータが存在しうる．これが Parisi の RSB 解の連続関数 $q(x)$ に対応するのである．

3.4.3　谷の重なりの分布

2 つの谷 a, b の状態の類似度は

$$q_{ab} = \frac{1}{N}\sum_i m_i^a m_i^b \tag{3.4.5}$$

で定義される．2 つの谷が同じ状態のとき q_{ab} は最大値を取り，まったく無相関なら 0 になる．ランダムな交換相互作用 $\{J_{ij}\}$ が与えられたときの q_{ab} の分布関数を

$$P_J(q) = \langle\delta(q - q_{ab})\rangle = \sum_{ab} P_a P_b \delta(q - q_{ab}) \tag{3.4.6}$$

とし，$P_J(q)$ の配位平均を $P(q)$ と書く．

$$P(q) = [P_J(q)]. \tag{3.4.7}$$

強磁性体のように，互いに全スピンの同時反転で移れる 2 つしか谷がないよう

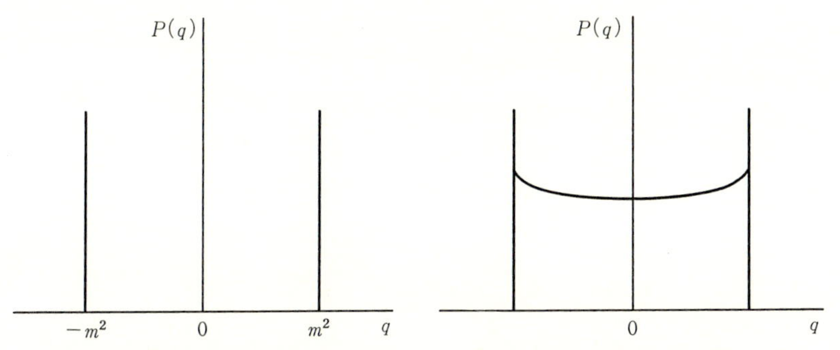

図 3.4　単純な系の分布関数 $P(q)$（左）と多谷構造のある系の分布関数（右）

な単純な系では，q_{ab} は $\pm m^2$ の 2 つの値しか取らないから $P(q)$ は $q = \pm m^2$ でのデルタ関数 2 本だけになるのに対し，少しずつ違う状態が連続的に分布している多谷構造の場合には q_{ab} はいろいろな値を取るから $P(q)$ は連続な部分を持つ関数になる（図 3.4）.

3.4.4　秩序変数のレプリカ表示

レプリカ対称性の破れと分布関数 $P(q)$ の連続性の関連を考察する．2 つのレプリカ α, β の間の特定のサイトでの状態の重なりが $q_{\alpha\beta}$ である．

$$q_{\alpha\beta} = \langle S_i^\alpha S_i^\beta \rangle. \tag{3.4.8}$$

この量がレプリカ対 $\alpha\beta$ ごとに異なる値を取るのが RSB である．本来の統計力学の処方箋に基づいた期待値は，$q_{\alpha\beta}$ のすべての値を考慮した平均であり，(3.4.3) 式で定義された $\overline{q}$ と同一視できるはずである．

$$\overline{q} = \lim_{n\to 0} \frac{1}{n(n-1)} \sum_{\alpha\neq\beta} q_{\alpha\beta}. \tag{3.4.9}$$

一方，ひとつの谷にのみ注目したときのスピングラス秩序パラメータ q_{EA} は谷の間の移り変わりを許した場合に比べると異なる状態を反映する必要がないため必ず大きな値を取るから，レプリカ法での $q_{\alpha\beta}$ の最大値に相当すると考えてみよう．

$$q_{EA} = \max_{(\alpha\beta)} q_{\alpha\beta} = \max_x q(x). \tag{3.4.10}$$

ところで，分布関数 $P(q)$ の累積分布を $x(q)$ とすると

$$x(q) = \int_0^q dq' P(q'), \quad \frac{dx}{dq} = P(q) \tag{3.4.11}$$

と書くことができる．この関係より，平衡統計力学に基づいた期待値は q のすべての可能な値についての平均であるという事実を式で表すと

$$\overline{q} = \int_0^1 q' dq' P(q') = \int_0^1 q(x) dx \tag{3.4.12}$$

となる．こうして，q_{EA} や $\overline{q}$ の $q(x)$ を使った表現が得られた．また，谷が多数あれば $q_{\alpha\beta}$ は様々な値を取り，$P(q)$ も 2 本のデルタ関数では表せなくなる．このときは，(3.4.11) 式により $q(x)$ も自明でない関数形を持つことになり，Parisi

の RSB 解とちょうど対応していることが明らかになる．例えば 3.3.3 節で述べたような $q(x)$ の関数形は，スピングラス相の状態空間の多谷構造を反映しているのである．

3.4.5　超計量性

Parisi の RSB 解は**超計量性**（ultrametricity）という顕著な性質を持っている．3 つの状態の間の重なりの分布関数

$$P(q_1, q_2, q_3) = \sum_{abc} P_a P_b P_c \delta(q_1 - q_{ab})\delta(q_2 - q_{bc})\delta(q_3 - q_{ca}) \qquad (3.4.13)$$

の配位平均を RSB 解によって計算すると

$$\begin{aligned}[P(q_1, q_2, q_3)] = &\frac{1}{2}P(q_1)x(q_1)\delta(q_1 - q_2)\delta(q_1 - q_3)\\ &+\frac{1}{2}[P(q_1)P(q_2)\Theta(q_1 - q_2)\delta(q_2 - q_3)\\ &\quad+(1, 2, 3 \text{ を循環させた 2 項})]\end{aligned}$$

が得られることがわかっている．ここで $x(q)$ は (3.4.11) 式で定義されており，また $\Theta(q_1 - q_2)$ は $q_1 > q_2$ のとき 1，$q_1 < q_2$ のとき 0 になる階段関数である．右辺の第 1 項は 3 つの状態の間の重なりがすべて等しい場合を表し，また第 2 項は距離が 2 等辺三角形の関係を満たしていることを意味する（$q_1 > q_2$，$q_2 = q_3$）．すなわち，3 つの状態間の距離が正三角形を含めた 2 等辺三角形以外の場合以

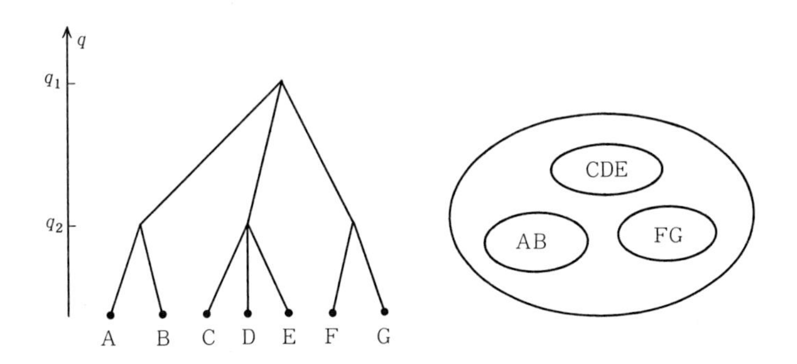

図 3.5　超計量空間における樹状構造と入れ子構造．AB 間の距離は CD 間，CE 間などと等しく，さらにそれらは AC 間，CF 間などより小さい．

外はあり得ないことを上式は示している．

この事実は，状態の作る空間が樹状構造をしていること，あるいはそれと等価な入れ子構造をしていることを意味する（図 3.5）．任意の 3 点間の距離が以上のような条件を満たす空間は，超計量空間と呼ばれる．

3.5　TAP 方程式

局所磁化を用いたスピングラス相の解釈を別の側面から検討するために，Thouless, Anderson, Palmer によって導入された状態方程式の解について簡単に解説する．ランダムな相互作用 $\{J_{ij}\}$ が与えられているとき，SK 模型の局所磁化は次の方程式（**TAP 方程式**）を満たす．

$$m_i = \tanh \beta \left\{ \sum_j J_{ij} m_j + h_i - \beta \sum_j J_{ij}^2 (1 - m_j^2) m_i \right\}. \tag{3.5.1}$$

右辺第 1 項は通常の内部磁場である．第 3 項は **Onsager の反跳場**（Onsager's reaction field）と呼ばれる，自分自身の影響の差し引きの項である．磁化 m_i はサイト j に内部磁場 $J_{ij} m_i$ をおよぼす．この影響でサイト j の磁化は $\chi_{jj} J_{ij} m_i$ だけ変化する．ここで

$$\chi_{jj} = \left. \frac{\partial m_j}{\partial h_j} \right|_{h_j \to 0} = \beta (1 - m_j^2) \tag{3.5.2}$$

である．するとそのためにサイト i の内部磁場は

$$J_{ij} \chi_{jj} J_{ij} m_i = \beta J_{ij}^2 (1 - m_j^2) m_i \tag{3.5.3}$$

だけ増加する．サイト i にかかる内部磁場には，このような自分自身の影響の跳ね返りは本来取り入れてはいけないはずである．(3.5.1) 式の右辺第 3 項でこの影響を差し引いているのである．なお，ふつうの強磁性体の無限レンジ模型では $J_{ij} = J/N$ であり，第 3 項は $O(1/N)$ であって無視できるが，SK 模型では $J_{ij}^2 = O(1/N)$ ゆえ第 1 項，第 2 項と同じ大きさになるから無視してはいけない．なお，(3.5.1) 式は次の自由エネルギーの変分条件 $\partial f / \partial m_i = 0$ に対応している．

$$f = -\frac{1}{2}\sum_{i \neq j} J_{ij} m_i m_j - \sum_i h_i m_i - \frac{\beta}{4}\sum_{i \neq j} J_{ij}^2 (1 - m_i^2)(1 - m_j^2)$$
$$+\frac{T}{2}\sum_i \left\{(1 + m_i)\log\frac{1 + m_i}{2} + (1 - m_i)\log\frac{1 - m_i}{2}\right\}. \quad (3.5.4)$$

右辺第 1 項と第 2 項は内部エネルギー，最後の項はエントロピーを表している．第 3 項は反跳場の効果である．

TAP 方程式 (3.5.1) の解のスピングラス転移点付近での振る舞いを調べるため，右辺を展開して 1 次まで取ると次の形になる．

$$m_i = \beta\sum_j J_{ij} m_j + \beta h_i - \beta^2 J^2 m_i. \quad (3.5.5)$$

線形方程式 (3.5.5) は対称行列 $\{J_{ij}\}$ の固有値，固有ベクトルを使って解くことができる．J_{ij} を固有ベクトルで展開してみよう．

$$J_{ij} = \sum_\lambda \langle i|\lambda\rangle\langle\lambda|j\rangle. \quad (3.5.6)$$

さらに，λ 磁化，λ 磁場を

$$m_\lambda = \sum_i \langle\lambda|i\rangle m_i, \quad h_\lambda = \sum_i \langle\lambda|i\rangle h_i \quad (3.5.7)$$

で定義すると，(3.5.5) 式は

$$m_\lambda = \beta m_\lambda J_\lambda + \beta h_\lambda - \beta^2 J^2 m_\lambda \quad (3.5.8)$$

となる．よって λ 磁化率は

$$\chi_\lambda = \frac{\partial m_\lambda}{\partial h_\lambda} = \frac{\beta}{1 - \beta J_\lambda + (\beta J)^2} \quad (3.5.9)$$

という表現を得る．ところでランダム行列 $\{J_{ij}\}$ の固有値は $\pm 2J$ の間に密度

$$\rho(J_\lambda) = \frac{\sqrt{4J^2 - J_\lambda^2}}{2\pi J^2} \quad (3.5.10)$$

で分布していることがわかっている．よって (3.5.9) 式より，最大固有値 $J_\lambda = 2J$ に対応する磁化率が $k_B T_f = J$ において発散することになり，相転移の存在が示された．転移点 $k_B T_f = J$ はレプリカ計算の結果と一致している．

通常の一様な強磁性体や反強磁性体では，磁化率の発散を与える磁場（一様磁場やスタガード磁場）に対応した磁化が転移点以下で発達して，秩序状態を

形成する．それ以外の磁場に対しては，温度によらず磁化率は発散しない．ところが，SK 模型では J_λ が連続分布しているから，(3.5.9) 式より，T_f で最大固有値のモードが発散するのに続いてそれ以下の温度で様々なモードが次々に連続的に発散し続ける．T_f 以下では常に相転移が起き続けていると見ることもできる．これは，Parisi の RSB 解の安定性が，ヘシアンの固有値 0 というぎりぎりの安定性であることとも対応しており，SK 模型におけるスピングラス相の特徴的な性質である．

前節での多谷構造の議論に出てきた局所磁化 m_i^a は，TAP 方程式の解のうち自由エネルギーが最小になるという条件を満たすものと考えられる．TAP 方程式は自由エネルギー (3.5.4) の変分条件から導かれるから必ずしも (3.5.4) 式の最小ではなく，単なる極小に対応している可能性が大きいことに注意しなければならない．実際，TAP 方程式の解の個数は非常に大きい（N の指数関数の程度）が，そのうち自由エネルギーの最小の条件を満たすものはごく一部であると考えられている．

スピングラスのゲージ理論

2章と3章ではスピングラスの平均場理論を紹介し，レプリカ対称性の破れを中心とした興味深い物理が展開されることを見てきた．ところで，無限次元の模型である平均場理論が現実の世界をどれだけ正しく記述するかはまた別の問題である．一般に2次元や3次元の模型の理論的な解析はきわめて困難であり，数値計算による研究が現状では主流となっている．しかしながら数値計算の現状を俯瞰することは本書の目的ではないのでこれは割愛し，ゲージ対称性を用いた議論(**ゲージ理論**(gauge theory))を用いて相図の構造を解明していく．

4.1 有限次元系の相図

SK模型は無限レンジ模型であり，空間次元が無限大の極限での Edwards-Anderson 模型に対応している．空間の次元数が有限の場合，(2.1.3)式の相互作用分布を持つ $\pm J$ 模型(Ising スピン)の相図はおよそ図4.1のような構造を持っている．$p=1$ は純粋の強磁性体に相当するから，右端の縦軸に沿って $T<T_{\rm c}$ で強磁性相，それ以上 $T>T_{\rm c}$ では常磁性相である．p が1より小さくなると，反強磁性的相互作用が入ってくるため強磁性相は次第に不安定になって強磁性転移温度が低下し，ある値 $p_{\rm c}$ より p が小さくなると強磁性相は消失する．3次元以上では，スピングラス相が強磁性相に隣接して出現すると予想されている．強磁性相の低温部には，SK模型の混合相に相当する相が存在する可能性もある．

この相図が正確にはどうなっているかを明らかにするのは非常に難しい問題であり，現在も数値計算を主体として活発な研究が続いている．以下で紹介す

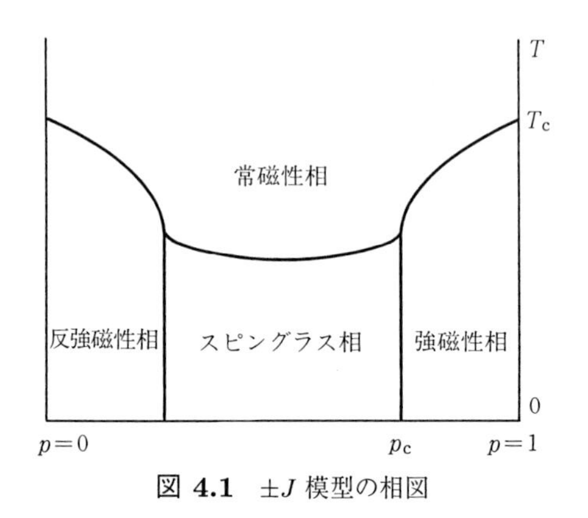

図 4.1　$\pm J$ 模型の相図

るゲージ理論は，スピングラス相の存在の問題に関して直接的な解答を導くわけではないが，相図の構造を解明するための有力な手がかりを与える．

4.2　Edwards-Anderson 模型のゲージ変換

Edwards-Anderson 模型

$$H = -\sum_{\langle ij \rangle} J_{ij} S_i S_j \tag{4.2.1}$$

の持つ対称性を考察し，対称性を使った単純な変数変換が多くの有用な情報をもたらすことを示そう．本章においては和 $\langle ij \rangle$ は任意であり，最近接格子点対などには限定しない．まず $\pm J$ 模型を調べよう．

スピンと相互作用の変数変換（**ゲージ変換**(gauge transformation)）を以下のように定義する．

$$S_i \to S_i \sigma_i, \quad J_{ij} \to J_{ij} \sigma_i \sigma_j. \tag{4.2.2}$$

ここで，σ_i は各格子点 i で 1 あるいは -1 に固定された Ising スピン変数である．このゲージ変換をすべての格子点で実行する．このときハミルトニアン (4.2.1) は

$$H \to -\sum_{\langle ij \rangle} J_{ij} \sigma_i \sigma_j \cdot S_i \sigma_i \cdot S_j \sigma_j = H \tag{4.2.3}$$

となる．したがってハミルトニアンは**ゲージ不変**(gauge invariant)である．

一方，$\pm J$ 模型の分布関数 (2.1.3) の変換性を見るには (2.1.3) 式を次のように書き変えておくと便利である．

$$P(J_{ij}) = \frac{e^{K_p \tau_{ij}}}{2\cosh K_p}. \tag{4.2.4}$$

ただし，τ_{ij} は $J_{ij} = J\tau_{ij}$ で定義され，J_{ij} の符号を表す．また K_p は次の式で定義される確率 p の関数である．

$$e^{2K_p} = \frac{p}{1-p}. \tag{4.2.5}$$

(4.2.4) 式が (2.1.3) 式に一致することは，$\tau_{ij} = 1$ あるいは -1 を代入し，(4.2.5) 式を使えば直ちに確かめられる．ゲージ変換により分布関数は次のように変わる．

$$P(J_{ij}) \to \frac{e^{K_p \tau_{ij}\sigma_i\sigma_j}}{2\cosh K_p}. \tag{4.2.6}$$

このように分布関数はゲージ不変ではない．Gauss 模型の場合には分布の変換性は次の通りであることに注意しておく．

$$P(J_{ij}) \to \frac{1}{\sqrt{2\pi J^2}} \exp\left(-\frac{J_{ij}^2 + J_0^2}{2J^2}\right) \exp\left(\frac{J_0}{J^2} J_{ij}\sigma_i\sigma_j\right). \tag{4.2.7}$$

4.3 内部エネルギーの厳密解

ゲージ変換をうまく利用すると，Edwards-Anderson 模型の内部エネルギーが，ある条件のもとに厳密に計算できる．主に $\pm J$ 模型について説明し，Gauss 模型については必要に応じて結果のみを述べる．

4.3.1 ゲージ変換の適用

内部エネルギーはハミルトニアンの統計力学的な期待値の配位平均であり，具体的に書くと次の形になる．

$$[E] = \left[\frac{\mathrm{Tr}_S\, He^{-\beta H}}{\mathrm{Tr}_S\, e^{-\beta H}}\right]$$

$$
= \sum_{\{\tau_{ij}=\pm 1\}} \frac{e^{K_p \sum_{\langle ij \rangle} \tau_{ij}}}{(2\cosh K_p)^{N_B}}
$$

$$
\times \frac{\mathrm{Tr}_S(-J\sum_{\langle ij \rangle} \tau_{ij} S_i S_j) e^{K\sum_{\langle ij \rangle} \tau_{ij} S_i S_j}}{\mathrm{Tr}_S\, e^{K\sum_{\langle ij \rangle} \tau_{ij} S_i S_j}}. \tag{4.3.1}
$$

ここで，Tr_S は $\{S_i = \pm 1\}$ についての和，また $K = \beta J$ であり，N_B は格子点対の和 $\sum_{\langle ij \rangle}$ に現れる項の数すなわち，相互作用しているボンドの総数を表している．以後，各サイトに割り当てられたスピン変数についての和にはこれまで通り Tr を，ボンドに割り当てられた変数 τ_{ij} の和には $\sum$ の記号を使う．

さて，ゲージ変換をしてみよう．ゲージ変換 (4.2.2) は，内部エネルギーの表式 (4.3.1) に現れる変数についての和 Tr_S あるいは $\sum_{\{\tau_{ij}=\pm 1\}}$ を実行する順序を変えるだけである．たとえば，$S_i = \pm 1$ についての和を $+1, -1$ という順序で取っていたとすれば，$\sigma_i = -1$ なら $S_i\sigma_i = -1, +1$ という順序に変更するのがゲージ変換である．したがって，ゲージ変換をしても内部エネルギーの値にはまったく影響しない．つまり，

$$
[E] = \sum_{\{\tau_{ij}\}} \frac{e^{K_p \sum \tau_{ij}\sigma_i\sigma_j}}{(2\cosh K_p)^{N_B}} \cdot \frac{\mathrm{Tr}_S(-J\sum \tau_{ij} S_i S_j) e^{K\sum \tau_{ij} S_i S_j}}{\mathrm{Tr}_S\, e^{K\sum \tau_{ij} S_i S_j}}. \tag{4.3.2}
$$

ここでハミルトニアンのゲージ不変性を使った．さらに，上式の値はゲージ変数(Ising スピン変数) $\{\sigma_i\}$ の選び方によらないから，2^N 個ある $\{\sigma_i\}$ の値すべてについて上式の両辺の和を取って 2^N で割っても値は変わらない．

$$
[E] = \frac{1}{2^N (2\cosh K_p)^{N_B}} \sum_{\{\tau_{ij}\}} \mathrm{Tr}_\sigma\, e^{K_p \sum \tau_{ij}\sigma_i\sigma_j}
$$

$$
\times \frac{\mathrm{Tr}_S(-J\sum \tau_{ij} S_i S_j) e^{K\sum \tau_{ij} S_i S_j}}{\mathrm{Tr}_S\, e^{K\sum \tau_{ij} S_i S_j}}. \tag{4.3.3}
$$

4.3.2　内部エネルギーの厳密解

(4.3.3) 式において $K = K_p$ なら，分母の $\{S_i\}$ についての和（つまり分配関数）と $\{\sigma_i\}$ についての和（分布関数 $P(J_{ij})$ にゲージ変換を施して得られた部分）がちょうど打ち消し合うことがわかる．このとき，内部エネルギーは

$$[E] = \frac{1}{2^N(2\cosh K)^{N_B}} \sum_{\{\tau_{ij}\}} \mathrm{Tr}_S \left(-J \sum_{\langle ij \rangle} \tau_{ij} S_i S_j \right) e^{K \sum \tau_{ij} S_i S_j}. \quad (4.3.4)$$

(4.3.4) 式の $\{\tau_{ij}\}$ と $\{S_i\}$ についての和は，次のようにして実行できる．

$$\begin{aligned}
[E] &= -\frac{J}{2^N(2\cosh K)^{N_B}} \sum_{\{\tau_{ij}\}} \mathrm{Tr}_S \frac{\partial}{\partial K} e^{K \sum \tau_{ij} S_i S_j} \\
&= -\frac{J}{2^N(2\cosh K)^{N_B}} \frac{\partial}{\partial K} \mathrm{Tr}_S \prod_{\langle ij \rangle} \left(\sum_{\tau_{ij}=\pm 1} e^{K \tau_{ij} S_i S_j} \right) \\
&= -N_B J \tanh K. \qquad (4.3.5)
\end{aligned}$$

こうして，$K = K_p$ の条件のもとに内部エネルギーが厳密に求められた．以上の計算は，格子の形や次元にはよらず常に成立する．各格子の特殊性は，N_B（ボンド総数）にのみ反映される．

4.3.3　相図との関連

$K = K_p$ という条件は，温度 $T(= J/(k_B K))$ と確率 $p(= (\tanh K_p + 1)/2)$ を結びつける．T が p の関数になるというのは奇異に見えるかもしれないが，T-p 相図上でひとつの曲線を表すと考えればよい．$K = K_p$ で表される曲線は**西森ライン**と呼ばれ，相図上で（$T = 0,\ p = 1$）と（$T = \infty,\ p = 1/2$）を結んでいる (図 4.2).

西森ライン上の内部エネルギーの厳密解 (4.3.5) は温度の関数として特異性を示さない．ところが，図 4.2 で明らかなように西森ラインは強磁性の基底状態（$T = 0,\ p = 1$）から高温の極限（$T = \infty,\ p = 1/2$）まで延びているから，どこかで転移点を通過するはずである．転移点を通るのに内部エネルギーに異常がないのは奇妙に思えるかもしれない．しかし (4.3.5) 式は厳密解であるから，一見矛盾した 2 つの事実を同時に受け入れるよりない．内部エネルギーの特異性を表す部分が，西森ライン上ではちょうど 0 になるのであろう．これはおそ

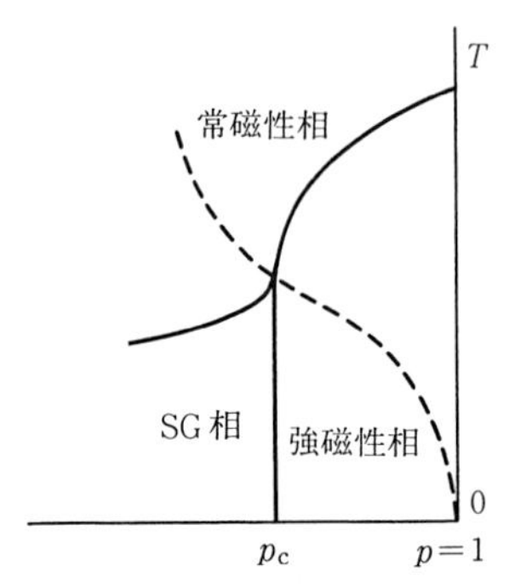

図 **4.2**　$\pm J$ 模型の西森ライン（点線）

らく内部エネルギーのみの特性であって，自由エネルギーや比熱，磁化率など他の物理量は西森ライン上であっても，転移点で一般に特異性を持つ．

Gauss 模型についても同様の議論が成立する．この場合，西森ラインは $J_0/J^2=\beta$ であり，相図上では図 4.3 の点線になっている．$J_0/J^2=\beta$ のときのエネルギーは次の通り．

$$[E]=-N_B J_0. \tag{4.3.6}$$

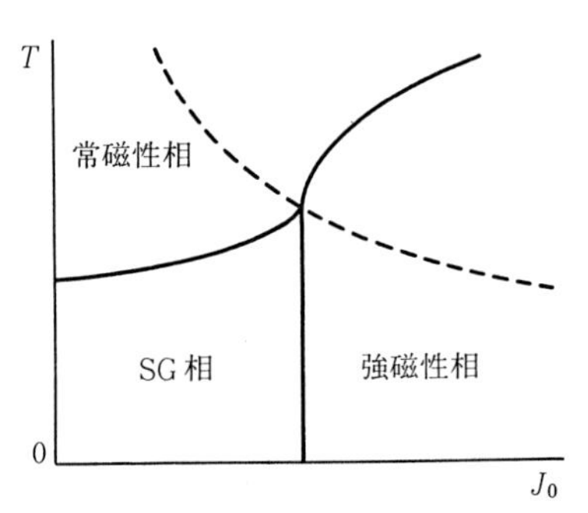

図 **4.3**　Gauss 模型の西森ライン（点線）

Gauss 模型の無限レンジ版である SK 模型で $h=0$ のとき (4.3.6) 式を確かめることもできる．レプリカ対称解 (2.3.4) 式と (2.3.6) 式に西森ラインの条件 $\beta J^2=J_0$ を入れると，$m=q$ であることが導かれる．また自由エネルギー

(2.3.3) から，内部エネルギーは

$$[E] = -\frac{N}{2}\left\{J_0 m^2 + \beta J^2(1-q^2)\right\} \tag{4.3.7}$$

であることがわかる．$m=q$ と $\beta J^2 = J_0$ をこれに入れると $[E]=-J_0N/2$ となり，(4.3.6) 式で $N_B = N(N-1)/2$, $J_0 \to J_0/N$ としたものと $N\to\infty$ で一致する．したがって，少なくとも西森ライン上での内部エネルギーに関してはレプリカ対称解は厳密である．なお，AT 線は西森ラインより下にあり，レプリカ対称解は安定である．

4.4 比熱の上限

比熱については厳密解は求められないが，上限の評価ができる．まず $\pm J$ 模型を取り上げよう．比熱は内部エネルギーの微分で与えられる．

$$k_B T^2[C] = -\frac{\partial[E]}{\partial\beta} = \left[\frac{\mathrm{Tr}_S\, H^2 e^{-\beta H}}{\mathrm{Tr}_S\, e^{-\beta H}} - \left(\frac{\mathrm{Tr}_S\, He^{-\beta H}}{\mathrm{Tr}_S\, e^{-\beta H}}\right)^2\right]. \tag{4.4.1}$$

第 1 項($\equiv C_1$)はエネルギーと同様にして計算できる．

$$\begin{aligned}C_1 &= \sum_{\{\tau_{ij}\}}\frac{e^{K_p\sum\tau_{ij}}}{(2\cosh K_p)^{N_B}}\cdot\frac{\mathrm{Tr}_S(-J\sum\tau_{ij}S_iS_j)^2 e^{K\sum\tau_{ij}S_iS_j}}{\mathrm{Tr}_S\, e^{K\sum\tau_{ij}S_iS_j}}\\ &= \frac{J^2}{2^N(2\cosh K_p)^{N_B}}\sum_{\{\tau_{ij}\}}\mathrm{Tr}_\sigma\, e^{K_p\sum\tau_{ij}\sigma_i\sigma_j}\,\frac{\dfrac{\partial^2}{\partial K^2}\mathrm{Tr}_S\, e^{K\sum\tau_{ij}S_iS_j}}{\mathrm{Tr}_S\, e^{K\sum\tau_{ij}S_iS_j}}.\end{aligned} \tag{4.4.2}$$

$K=K_p$ のとき分子分母の打ち消し合いが起こり，

$$\begin{aligned}C_1 &= \frac{J^2}{2^N(2\cosh K)^{N_B}}\frac{\partial^2}{\partial K^2}\mathrm{Tr}_S\, e^{K\sum\tau_{ij}S_iS_j}\\ &= \frac{J^2}{2^N(2\cosh K)^{N_B}}2^N\frac{\partial^2}{\partial K^2}(2\cosh K)^{N_B}\\ &= J^2(N_B^2\tanh^2 K + N_B\,\mathrm{sech}^2 K).\end{aligned} \tag{4.4.3}$$

(4.4.1) 式の第 2 項 C_2 は Schwarz の不等式より下限が評価できる．

$$C_2 = [E^2] \geqq [E]^2 = J^2 N_B^2 \tanh^2 K. \tag{4.4.4}$$

(4.4.3) 式と (4.4.4) 式より

$$k_B T^2 [C] \leqq J^2 N_B \mathrm{sech}^2 K. \tag{4.4.5}$$

つまり，西森ラインは相境界を通過するから比熱は一般に特異性を示すはずであるが，発散を伴うような強い特異性ではないことが証明された．

Gauss 分布の場合，比熱の上限は

$$k_B T^2 [C] \leqq J^2 N_B \tag{4.4.6}$$

である．

4.5　局所エネルギーの分布関数

1 つのボンドのエネルギー $J_{ij} S_i S_j$ の分布関数の期待値

$$P(E) = [\langle \delta(E - J_{ij} S_i S_j) \rangle] \tag{4.5.1}$$

も，内部エネルギーと同様にして厳密に計算できる．$\delta(E - J_{ij} S_i S_j)$ はゲージ不変だから 4.3 節の議論が適用できて，$K = K_p$ のとき (4.3.4) 式に対応した次式が導かれる．

$$P(E) = \frac{1}{2^N (2\cosh K)^{N_B}} \sum_{\{\tau_{ij}\}} \mathrm{Tr}_S\, \delta(E - J_{ij} S_i S_j) e^{K \sum \tau_{ij} S_i S_j}. \tag{4.5.2}$$

今注目している (ij) 以外のボンドについては直ちに和を取ることができて分母と打ち消し合い，問題は τ_{ij}, S_i, S_j の 3 変数についての和に帰着される．これは容易に計算できて

$$P(E) = p\delta(E - J) + (1 - p)\delta(E + J) \tag{4.5.3}$$

であることがわかる．

さらに，同じ条件 $K = K_p$ のもとで異なる 2 つのボンドの同時分布関数が，各ボンドの分布関数の積に分解されることも同様の方法で証明できる．

$$P_2(E_1, E_2) = [\langle \delta(E_1 - J_{ij} S_i S_j) \delta(E_2 - J_{kl} S_k S_l) \rangle] = P(E_1) P(E_2). \tag{4.5.4}$$

3 つ以上のボンドについても同様である．(4.5.3) 式と (4.5.4) 式によると，$K = K_p$ のとき各ボンドの局所エネルギーは，平均としてスピン変数や他のボンドの振る舞いとは無関係にもともとの分布関数 (2.1.3) だけで決まっている．Gauss 模型でも同様である．

4.6 自由エネルギーの下限

Kullback-Leibler 情報量と呼ばれる量に関する不等式を使うと，自由エネルギーの下限が導かれるとともに，内部エネルギーと比熱に関してすでに証明した結果が再導出される．

$P(x)$ と $Q(x)$ を確率変数 x の分布関数とする．これらは規格化条件 $\sum_x P(x) = \sum_x Q(x) = 1$ を満たしている．これらから作られる次の量を **Kullback-Leibler 情報量**（あるいは発散量）(Kullback-Leibler information) という．

$$G = \sum_x P(x) \log \frac{P(x)}{Q(x)}. \tag{4.6.1}$$

G は $P(x) = Q(x)$ $(\forall x)$ のとき 0 になるから，2 つの分布関数の類似性をはかる目安になる量であり，**相対エントロピー**（relative entropy）と呼ばれることもある．

さて，G は決して負にならないことが次のようにして簡単に示される．

$$G = \sum_x P(x) \left\{ \log \frac{P(x)}{Q(x)} + \frac{Q(x)}{P(x)} - 1 \right\} \geqq 0. \tag{4.6.2}$$

ここで正の実数 y についての不等式 $-\log y + y - 1 \geqq 0$ を使った．不等式 (4.6.2) より，スピングラスの自由エネルギーの下限が導かれる．簡単のために $\pm J$ 模型に話を限ることにする．

確率変数 x として $J_{ij} \equiv J\tau_{ij}$ の符号の組 $\{\tau_{ij}\}$ を取り，関数 $P(x), Q(x)$ として次の量を持ってくる．

$$P(\{\tau_{ij}\}) = \frac{\mathrm{Tr}_\sigma\, e^{K_p \sum_{\langle ij \rangle} \tau_{ij}\sigma_i\sigma_j}}{2^N (2\cosh K_p)^{N_B}}, \quad Q(\{\tau_{ij}\}) = \frac{\mathrm{Tr}_\sigma\, e^{K \sum_{\langle ij \rangle} \tau_{ij}\sigma_i\sigma_j}}{2^N (2\cosh K)^{N_B}}. \tag{4.6.3}$$

これらが規格化条件を満たしていることは容易に確かめられる．このとき，(4.6.1) 式は次のような形になる．

$$G = \sum_{\{\tau_{ij}\}} \frac{\mathrm{Tr}_\sigma\, e^{K_p \sum \tau_{ij}\sigma_i\sigma_j}}{2^N (2\cosh K_p)^{N_B}} \left\{ \log \mathrm{Tr}_\sigma\, e^{K_p \sum \tau_{ij}\sigma_i\sigma_j} - \log \mathrm{Tr}_\sigma\, e^{K \sum \tau_{ij}\sigma_i\sigma_j} \right\}$$

$$-N_B \log 2\cosh K_p + N_B \log 2\cosh K. \tag{4.6.4}$$

ところで，この表式は前節までのゲージ変換の方法を使うと次の式に等しいことがわかる．

$$G = \sum_{\{\tau_{ij}\}} \frac{e^{K_p \sum \tau_{ij}}}{(2\cosh K_p)^{N_B}} \left\{ \log \mathrm{Tr}_\sigma\, e^{K_p \sum \tau_{ij}\sigma_i\sigma_j} - \log \mathrm{Tr}_\sigma\, e^{K \sum \tau_{ij}\sigma_i\sigma_j} \right\}$$
$$-N_B \log 2\cosh K_p + N_B \log 2\cosh K. \tag{4.6.5}$$

(4.6.5) 式の右辺第 2 項は，$\pm J$ 模型の分配関数の対数であり，この配位平均は，自由エネルギー $F(K,p)$ を温度で割ったものである．右辺第 1 項は西森ライン上 $(K = K_p)$ での同様の量である．したがって，$G \geqq 0$ という不等式は次のように書き換えられる．

$$\beta F(K,p) + N_B \log 2\cosh K \geqq \beta_p F(K_p,p) + N_B \log 2\cosh K_p. \tag{4.6.6}$$

こうして，p を固定したときの温度の関数としての自由エネルギーの下限が求められた．

(4.6.6) 式の左辺を $g(K,p)$ とおく．(4.6.6) 式は $g(K,p)$ が $K = K_p$ で最小値を取ることを意味しているから，この事実を式で書けば

$$\left.\frac{\partial g(K,p)}{\partial K}\right|_{K=K_p} = 0, \quad \left.\frac{\partial^2 g(K,p)}{\partial K^2}\right|_{K=K_p} > 0 \tag{4.6.7}$$

となる．βF の β での微分が内部エネルギーであることを使うと，(4.6.7) 式の第 1 式は内部エネルギーの厳密解 (4.3.5) と一致することがわかる．また，(4.6.7) 式の第 2 式が比熱の上限 (4.4.5) に他ならないことも容易に示される．

4.7　相関関数と相図の構造

相関関数にもゲージ理論が適用できる．ゲージ理論を使うと相関関数の上限を与える不等式が証明され，相図の構造に関して強い制約が導かれる．以下，2 点相関関数（2 つのスピンの積の期待値）について議論するが何点相関関数であっても話はまったく同様に成立する．

4.7.1 相関等式と相関不等式

$\pm J$ 模型を考えよう．2 点相関関数の定義は

$$[\langle S_0 S_r\rangle_K] = \left[\frac{\mathrm{Tr}_S\, S_0 S_r e^{-\beta H}}{\mathrm{Tr}_S\, e^{-\beta H}}\right] = \sum_{\{\tau_{ij}\}} \frac{e^{K_p \sum \tau_{ij}}}{(2\cosh K_p)^{N_B}} \cdot \frac{\mathrm{Tr}_S\, S_0 S_r e^{K\sum \tau_{ij} S_i S_j}}{\mathrm{Tr}_S\, e^{K\sum \tau_{ij} S_i S_j}} \quad (4.7.1)$$

である．ゲージ変換により

$$\text{上式} = \frac{1}{2^N (2\cosh K_p)^{N_B}} \sum_{\{\tau_{ij}\}} \mathrm{Tr}_\sigma\, \sigma_0 \sigma_r e^{K_p \sum \tau_{ij}\sigma_i\sigma_j} \times \frac{\mathrm{Tr}_S\, S_0 S_r e^{K\sum \tau_{ij} S_i S_j}}{\mathrm{Tr}_S\, e^{K\sum \tau_{ij} S_i S_j}}. \quad (4.7.2)$$

今の場合，$S_0 S_r$ のゲージ変換によって生じた $\sigma_0\sigma_r$ のために，$K = K_p$ でも分子分母の打ち消し合いは起こらない．しかし，次のように分配関数を分子分母に挿入すると興味深い結果が導かれる．

$$\text{上式} = \frac{1}{2^N (2\cosh K_p)^{N_B}} \sum_{\{\tau_{ij}\}} \left(\mathrm{Tr}_\sigma\, e^{K_p \sum \tau_{ij}\sigma_i\sigma_j}\right) \times \left(\frac{\mathrm{Tr}_\sigma\, \sigma_0\sigma_r e^{K_p \sum \tau_{ij}\sigma_i\sigma_j}}{\mathrm{Tr}_\sigma\, e^{K_p \sum \tau_{ij}\sigma_i\sigma_j}}\right) \cdot \left(\frac{\mathrm{Tr}_S S_0 S_r e^{K\sum \tau_{ij} S_i S_j}}{\mathrm{Tr}_S\, e^{K\sum \tau_{ij} S_i S_j}}\right). \quad (4.7.3)$$

上式の後半の 2 つの因子は，結合の強さがそれぞれ K_p と K のときの相関関数 $\langle\sigma_0\sigma_r\rangle_{K_p}, \langle S_0 S_r\rangle_K$ を表している．上式は，実はこれら 2 つの相関関数の積の配位平均に等しい

$$[\langle S_0 S_r\rangle_K] = [\langle\sigma_0\sigma_r\rangle_{K_p} \langle S_0 S_r\rangle_K]. \quad (4.7.4)$$

これを見るために，右辺の定義を書き下す．

$$[\langle\sigma_0\sigma_r\rangle_{K_p} \langle S_0 S_r\rangle_K] = \frac{1}{(2\cosh K_p)^{N_B}} \sum_{\{\tau_{ij}\}} e^{K_p \sum \tau_{ij}} \times \frac{\mathrm{Tr}_S\, S_0 S_r e^{K_p \sum \tau_{ij} S_i S_j}}{\mathrm{Tr}_S\, e^{K_p \sum \tau_{ij} S_i S_j}} \cdot \frac{\mathrm{Tr}_S\, S_0 S_r e^{K \sum \tau_{ij} S_i S_j}}{\mathrm{Tr}_S\, e^{K \sum \tau_{ij} S_i S_j}}. \quad (4.7.5)$$

ここで，$\langle\sigma_0\sigma_r\rangle_{K_p}$ を表現するのに変数 σ の代わりに S を使った．どうせ ± 1 について足しあげるのだから，変数名をどう取っても結果に変わりはない．(4.7.5) 式において，2 つの相関関数の積の部分は明らかにゲージ不変である．したがって，ゲージ変換により (4.7.5) 式は (4.7.3) 式に一致し，(4.7.4) 式が証明された．

(4.7.4) 式で $K = K_p$ とおいて $r \to \infty$ の極限を取ると，サイト 0 とサイト r は独立に振る舞うから，左辺は $[\langle S_0\rangle_K][\langle S_r\rangle_K]$ すなわち強磁性の秩序パラメータ m の 2 乗に近づくものと思われる．右辺は $[\langle\sigma_0\rangle_K\langle S_0\rangle_K][\langle\sigma_r\rangle_K\langle S_r\rangle_K]$ つまりスピングラス秩序パラメータ q の 2 乗に漸近する．すなわち西森ライン上で $m = q$ が導かれる．ところで，スピングラス相では $m = 0,\ q > 0$ である．したがって，西森ラインはスピングラス相の中には決して入らないことが証明された．別の言い方をすれば，スピングラス相はどこにあるのかわかっていなくても西森ラインの位置は明確だから，スピングラス相の存在できる領域が限定されたことになる．

相関関数の恒等式 (4.7.4) から，不等式が導出される．(4.7.4) 式の両辺の絶対値を取ると

$$
\begin{aligned}
|[\langle S_0S_r\rangle_K]| &= \left|\left[\langle\sigma_0\sigma_r\rangle_{K_p}\langle S_0S_r\rangle_K\right]\right| \\
&\leqq \left[|\langle\sigma_0\sigma_r\rangle_{K_p}|\cdot|\langle S_0S_r\rangle_K|\right] \leqq \left[\left|\langle\sigma_0\sigma_r\rangle_{K_p}\right|\right]. \qquad (4.7.6)
\end{aligned}
$$

ここで，絶対値を期待値の中に入れると上限を与えることと，相関関数の絶対値は 1 で押さえられることを使った．

4.7.2　相図に対する制約条件

(4.7.6) 式の右辺は，$K = K_p$ で定義される西森ライン上のある種の相関関数を表している．この量は，0 と r の 2 点間で相対的な符号を無視して計った相関関数であり，スピングラス相や強磁性相のように各格子点ごとにスピンがほぼ決まった方向を向いて凍結していれば r が大きくなっても減衰しない．これに対して，左辺は $r \to \infty$ で通常の強磁性的な長距離秩序パラメータの 2 乗に帰着し，スピングラス相や常磁性相では 0 に近づく．すると，(4.7.6) 式で $r \to \infty$ としたとき，与えられた p に対応する西森ライン上の点が常磁性相にあれば，右辺は 0 になる．したがって左辺は K によらず 0 になり，強磁性的長距離秩序

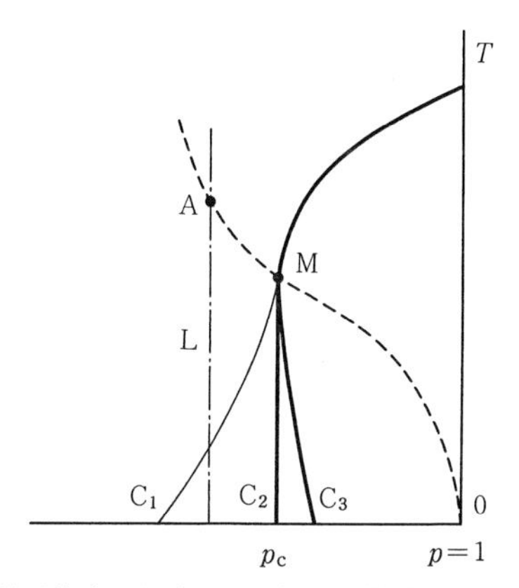

図 4.4　相関不等式から許される相図の構造．C_1 は許されない．

がないことがわかる．以上の結果は，次の事実を意味している．

図 4.4 の一点鎖線のように，p が一定の垂直な線 L と西森ラインとの交点 A が常磁性相内にあれば，L 上の点は温度にかかわらず強磁性相内にはない．したがって，強磁性とスピングラスの相境界(あるいは，スピングラス相がないときには強磁性と常磁性の相境界の低温部)において C_1 のように強磁性相がスピングラス相の下にしみ出す形にはならない．C_2 のように垂直か，C_3 のようにスピングラス相が強磁性相の下に入り込んでいるかのいずれかになる．後者はリエントラント転移である．なお，以上の考察により，西森ラインと強磁性・非強磁性相の境界の交点 M は，強磁性相のうち相図上で最も左にある点であることもわかる．

4.8　フラストレーションのエントロピー

さらに立ち入って，西森ラインより低温側の相境界は C_2 のように垂直になっているとするのがもっとも自然であるという議論を展開する．このために，自由エネルギーの配位平均から出発する．

$$-\beta F = \sum_{\{\tau_{ij}\}} \frac{e^{K_p \sum \tau_{ij}}}{(2\cosh K_p)^{N_B}} \cdot \log \mathrm{Tr}_S\, e^{K \sum \tau_{ij} S_i S_j}. \qquad (4.8.1)$$

ゲージ変換により，これは $K = K_p$ の条件のもとで次のような表現を得る．

$$-\beta F = \frac{1}{2^N (2\cosh K)^{N_B}} \sum_{\{\tau_{ij}\}} \mathrm{Tr}_\sigma\, e^{K \sum \tau_{ij}\sigma_i\sigma_j} \cdot \log \mathrm{Tr}_S\, e^{K\sum \tau_{ij} S_i S_j}$$
$$\equiv \frac{1}{2^N (2\cosh K)^{N_B}} \sum_{\{\tau_{ij}\}} Z(K) \log Z(K). \qquad (4.8.2)$$

ここで，$\log Z(K)$ の前に現れる $Z(K)$ は分布関数 $P(J_{ij})$ をゲージ変換し，ゲージ変数についての和をとって得られたことを思い出そう．ゲージ変換は，任意の閉じたループについてのボンドの積 $f_c = \prod_c J_{ij}$ を変えないから，f_c はゲージ不変な量を表し，**フラストレーション**(frustration) と呼ばれる(図 4.5)*1．

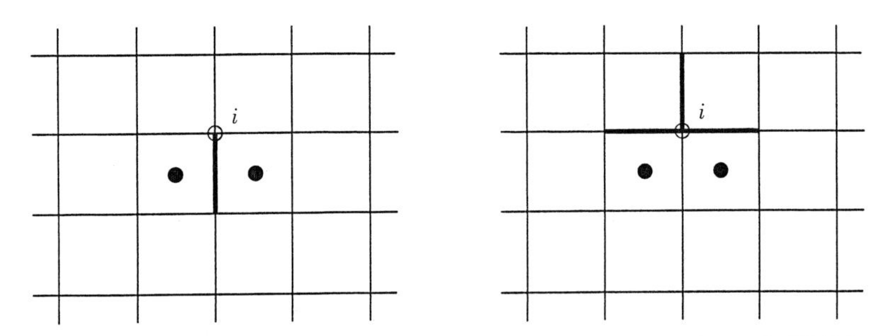

図 4.5　同一のフラストレーションを持つ異なるボンド配位．太線は反強磁性的相互作用．●は $f = -1$ のフラストレートした単位正方形．2 つの配位は，サイト i での $\sigma_i = -1$ のゲージ変換で移り変わる．

同一のフラストレーションの分布 $\{f_c\}$ を持つすべてのボンド分布 $\{J_{ij}\}$ の存在確率の和を取ったものが $Z(K_p)$ である(正確には，規格化因子を除く)．したがって，$Z(K_p)$ はフラストレーションの分布の存在確率を表している．すると (4.8.2) 式は西森ライン上でのフラストレーションの存在確率の対数の平均と見ることができる．これはフラストレーションの分布のエントロピーに他ならない．したがって，西森ライン上の自由エネルギーはフラストレーション分布のエントロピーに等しい．

ところが，フラストレーションの分布というのはボンド配位 $\{J_{ij}\}$ だけで決

*1　もう少し正確には，$f_c < 0$ のときループ c にはフラストレーションがある(あるいはフラストレートしている)と言う．特に，最小のループ(例えば 2 次元正方格子だと 4 本のボンドから作られる最小の正方形)についてフラストレーションの有無を考察することが多い．

定される温度とは無関係の量である．一方，図 4.4 の点 M で強磁性と非強磁性の相境界を西森ラインが横切ると，自由エネルギーは特異性を持つはずであるから，同じ点でフラストレーションの分布も異常を示す．別の見方をすれば，点 M における自由エネルギーの特異性は，フラストレーションの分布が特異性を伴って急激に変化するという幾何学的な原因によって引き起こされるのである．相図上で温度を固定して変数 p を変化させていくと，点 M の $p(=p_{\rm c})$ の値のところで固定した温度の値によらずフラストレーションの分布が異常を示すのである．これを反映して，ボンド配位 $\{J_{ij}\}$ に依存している物理量も $p=p_{\rm c}$ で異常性を示すはずである．したがって，点 M の p で温度によらない垂直な相境界があることになる．ただし，点 M より高温側では，熱ゆらぎが大きくて物理量に異常性は実際には発現しない．この結論は厳密な証明ではないが，数値計算は誤差の範囲内でこれを支持している．

フラストレーションの分布の異常はスピン変数とは無関係の幾何学的な問題である．したがって，例えば XY スピンが $\pm J$ のランダムな相互作用をしているような場合にも，$\pm J$ 分布を持つ Ising 模型と同じ $p=p_{\rm c}$ において垂直な相境界が低温部に存在するものと期待される．

4.9　スピン配向の非単調性

熱ゆらぎによるスピンの平均値の縮みを無視してスピンの向きだけに注目したとき，どのぐらい揃っているかを考察しよう．相関関数を絶対値で割って符号だけに注目するのである．

$$\left[\frac{\langle S_0S_r\rangle_K}{|\langle S_0S_r\rangle_K|}\right]=\frac{1}{(2\cosh K_p)^{N_B}}\sum_{\{\tau_{ij}\}}e^{K_p\sum\tau_{ij}}\frac{\mathrm{Tr}_S S_0S_r e^{K\sum\tau_{ij}S_iS_j}}{\left|\mathrm{Tr}_S S_0S_r e^{K\sum\tau_{ij}S_iS_j}\right|}. \tag{4.9.1}$$

ゲージ変換をすると

$$\text{上式}=\frac{1}{2^N(2\cosh K_p)^{N_B}}\sum_{\{\tau_{ij}\}}\mathrm{Tr}_\sigma\, e^{K_p\sum\tau_{ij}\sigma_i\sigma_j}\langle\sigma_0\sigma_r\rangle_{K_p}\frac{\langle S_0S_r\rangle_K}{|\langle S_0S_r\rangle_K|}$$

$$\leqq \frac{1}{2^N(2\cosh K_p)^{N_B}} \sum_{\{\tau_{ij}\}} \mathrm{Tr}_\sigma\, e^{K_p \sum \tau_{ij}\sigma_i\sigma_j} |\langle \sigma_0\sigma_r \rangle_{K_p}|. \tag{4.9.2}$$

絶対値を取って，$\langle S_0 S_r \rangle_K$ の符号を上限 1 で置き換えた．上式の右辺は

$$\left[\frac{\langle \sigma_0\sigma_r \rangle_{K_p}}{|\langle \sigma_0\sigma_r \rangle_{K_p}|} \right] \tag{4.9.3}$$

に等しい．なぜなら，(4.9.3) 式をゲージ変換を使って書き換えると

$$\begin{aligned}
\left[\frac{\langle \sigma_0\sigma_r \rangle_{K_p}}{|\langle \sigma_0\sigma_r \rangle_{K_p}|} \right] &= \frac{1}{2^N(2\cosh K_p)^{N_B}} \sum_{\{\tau_{ij}\}} \frac{\left(\mathrm{Tr}_\sigma\, \sigma_0\sigma_r e^{K_p \sum \tau_{ij}\sigma_i\sigma_j}\right)^2}{\left|\mathrm{Tr}_\sigma\, \sigma_0\sigma_r e^{K_p \sum \tau_{ij}\sigma_i\sigma_j}\right|} \\
&= \frac{1}{2^N(2\cosh K_p)^{N_B}} \sum_{\{\tau_{ij}\}} \left|\mathrm{Tr}_\sigma\, \sigma_0\sigma_r e^{K_p \sum \tau_{ij}\sigma_i\sigma_j}\right| \\
&= \frac{1}{2^N(2\cosh K_p)^{N_B}} \sum_{\{\tau_{ij}\}} \mathrm{Tr}_\sigma\, e^{K_p \sum \tau_{ij}\sigma_i\sigma_j} \left|\langle \sigma_0\sigma_r \rangle_{K_p}\right|.
\end{aligned} \tag{4.9.4}$$

よって次の式が証明された．

$$[\mathrm{sgn}\,\langle \sigma_0\sigma_r \rangle_K] \leqq [\mathrm{sgn}\,\langle S_0 S_r \rangle_{K_p}]. \tag{4.9.5}$$

p を固定して温度を変えたとき（つまり K を変えたとき）任意の 2 つのスピンの相対的な揃い具合は $K = K_p$ で最大値を取ることがわかった．p を固定して温度を高温側から下げていくと，西森ラインでスピンは一番揃った状態になり，さらに温度を下げると今度はかえって相対的な向きが不揃いになる．もちろん熱ゆらぎによる平均値の縮みがあるから，通常の相関関数 $[\langle S_0 S_r \rangle_K]$ が西森ライン上で最大になるということはない．

4.10　修正 $\pm J$ 模型

4.8 節で述べた相境界の垂直性は，以下に示すような考察からも裏づけられる．$\pm J$ 模型の相互作用の分布関数は，各ボンドごとに (4.2.4) 式で与えられる．これを少し修正して，次のような分布関数を持つ**修正 $\pm J$ 模型**（modified $\pm J$ model）を導入する．

$$P_m(K_p, a, \{\tau_{ij}\}) = \frac{e^{(K_p+a)\sum_{\langle ij\rangle}\tau_{ij}}\,Z(K_p, \{\tau_{ij}\})}{(2\cosh K_p)^{N_B}\,Z(K_p+a, \{\tau_{ij}\})}. \tag{4.10.1}$$

ここで a は実数のパラメータであり，$a=0$ で (4.10.1) 式は通常の ±J 模型になる．(4.10.1) 式が規格化条件を満たしていることは，$\{\tau_{ij}\}$ について和を取り，ゲージ変換をすることにより容易に示せる．

4.10.1　物理量の期待値

修正 ±J 模型と通常の ±J 模型では，ゲージ不変な量の期待値は K と K_p が同一なら同じ値を取る．これを示すために，(4.10.1) 式による配位平均を $\{\cdots\}^a_{K_p}$ と書き，通常の ±J 模型での配位平均を $[\cdots]_{K_p}$ と書くことにする．ゲージ不変量 Q の修正 ±J 模型での配位平均の定義を書き，ゲージ変換をしてからゲージ変数 $\{\sigma_i\}$ について和を取ると，分子分母で $Z(K_p+a, \{\tau_{ij}\})$ がちょうど打ち消し合い，次の関係が得られる．

$$\{Q\}^a_{K_p} = \frac{1}{2^N(2\cosh K_p)^{N_B}}\sum_{\{\tau_{ij}\}} Z(K_p, \{\tau_{ij}\})Q = [Q]_{K_p}. \tag{4.10.2}$$

最後の等式は，$[Q]_{K_p}$ の定義でゲージ変換をしてゲージ変数についての和を取ることにより導かれる．(4.10.2) 式はゲージ不変量の配位平均が a によらないことを示している．

さて，相関関数についても前節までと同様の方法でいくつかの関係式を導くことができる．通常の ±J 模型で成立する (4.7.4) 式において $r\to\infty$ とすると，

$$m(K_p, K_p) = q(K_p, K_p) \tag{4.10.3}$$

が得られるが，これに相当して修正 ±J 模型で

$$m_m(K_p+a, K_p) = q_m(K_p+a, K_p) \tag{4.10.4}$$

を導くことができる．ここで添字 m は修正 ±J 模型の物理量であることを示す．また (4.10.2) 式より，スピングラス秩序パラメータ q は a に依存しないから，一般の K で

$$q(K, K_p) = q_m(K, K_p) \tag{4.10.5}$$

が成立する．さらに

$$m(K_p+a, K_p) = m_m(K_p, K_p) \tag{4.10.6}$$

をゲージ変換を用いて示すのも難しくない.

4.10.2 修正 $\pm J$ 模型と相図の構造

前節で導いた関係式を使って，修正 $\pm J$ 模型と通常の $\pm J$ 模型の相図の構造に密接な関連があることを明らかにする．まず，(4.10.5) 式より相図上でスピングラス秩序が存在する領域は，2 つの模型の間で違いがない．また，$\pm J$ 模型では $K = K_p$ で決まる線（西森ライン）上では (4.10.3) 式より $q > 0$ なら $m > 0$ である．これより，$K = K_p$ 上にスピングラス相($q > 0,\ m = 0$)が存在することはなく，西森ラインの低温部の秩序相（図 4.6 の $p > p_c$ の部分）は強磁性相である．したがって，西森ラインより右上の秩序相はスピングラス相ではなく強磁性相である．

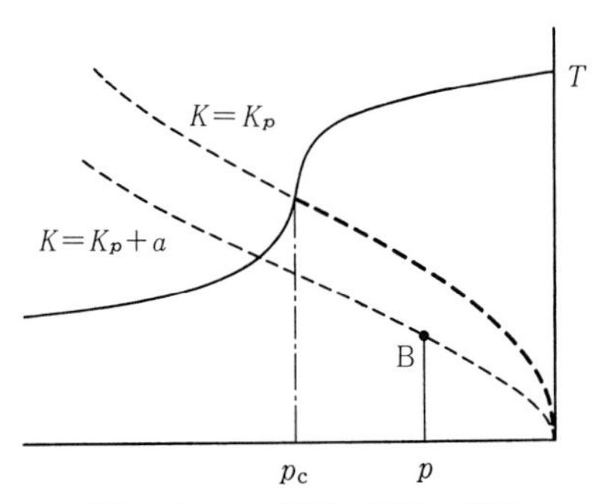

図 4.6　$\pm J$ 模型の相図の構造

これに対応して，修正 $\pm J$ 模型では $K = K_p + a$ のとき (4.10.4) 式が成立しているから，$K = K_p + a$ の低温部は強磁性相に入っている（図 4.7 の $p > p_c$ の部分）．$\pm J$ 模型と同様に，$K = K_p + a$ の右上の秩序相は強磁性相であることはまず間違いない．

さて，(4.10.6) 式により $\pm J$ 模型で $K = K_p + a$ 上の点 B（図 4.6）の磁化は，修正 $\pm J$ 模型の $K = K_p$ 上の点 C（図 4.7）の磁化に等しい．上記の議論（修正模型で $K = K_p + a$ より右上では強磁性相）により，C では $m_m(K_p, K_p) > 0$ だから，B で $m(K_p + a, K_p) > 0$ となる．p を固定して $a(> 0)$ を変化させると，B は p 軸に垂直な線上を $K = K_p$ より下の範囲で動く．したがって，$K = K_p$

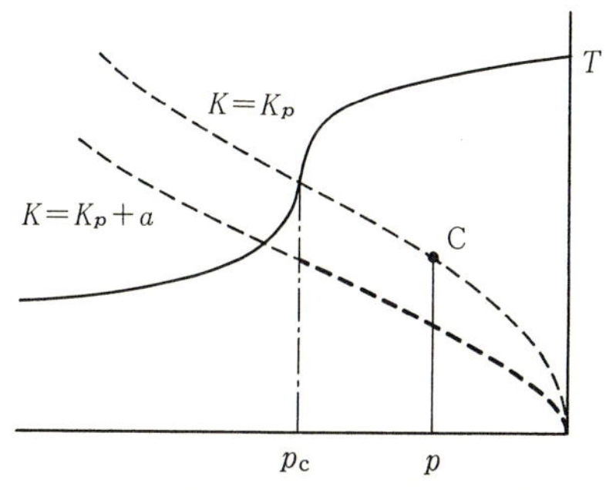

図 4.7 修正 ±J 模型の相図の構造

線上で $m(K_p, K_p) > 0$ ならその真下のすべての点で $m(K, K_p) > 0$ となる．こうして，$p > p_{\mathrm{c}}$ の範囲内のすべての p について $K = K_p$ より下では $m > 0$ であることが明らかになった．ところで 4.7 節で，$p < p_{\mathrm{c}}$ の範囲には強磁性相は存在しないことが証明されているから，結局 ±J 模型で $p = p_{\mathrm{c}}$ に垂直な相境界が存在することになる．

以上の議論は，修正 ±J 模型で $K = K_p$ において強磁性相が存在することを仮定しており，完全な証明ではない．しかし，この仮定の妥当性はほとんど明らかであり，垂直な相境界の存在という結論は一般に広く成立するものと思われる．

4.10.3 修正 ±J 模型におけるスピングラス相の存在証明

±J 模型や Gauss 模型のような Edwards-Anderson 模型において，スピングラス相が 2 次元あるいは 3 次元で安定な平衡状態として存在するかどうかを巡っては，数値計算を主体とした研究が続いているが確定的な答えは得られてない．ところが，修正 ±J 模型においては，以下に示すように比較的容易にスピングラス相の存在が証明できる．この節では $a < 0$ とする．

前節で指摘したように，±J 模型と修正 ±J 模型では $q > 0$ となる領域（スピングラス相あるいは強磁性相）が一致する．修正 ±J 模型においては $K = K_p + a$ なる線上の低温部分では $m_m = q_m > 0$ ゆえ，強磁性相内にある（図 4.8）．ところで，(4.7.6) 式と同様にして次の不等式が証明できる．

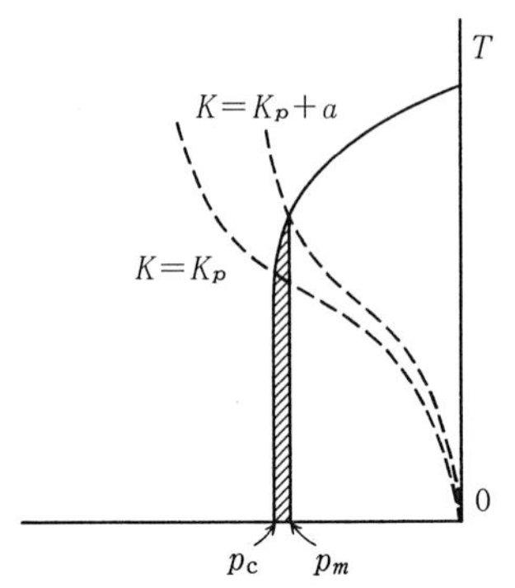

図 4.8　$a<0$ の修正 $\pm J$ 模型の相図

$$|\{\langle S_0 S_r\rangle_K\}^a_{K_p}| \leqq \{|\langle S_0 S_r\rangle_{K_p+a}|\}^a_{K_p}. \tag{4.10.7}$$

この式で $r\to\infty$ とすると，左辺は修正 $\pm J$ 模型の $K=K_p$ 上での磁化，右辺は $K=K_p+a$ 上でのある種の秩序パラメータになる．それゆえ，右辺は常磁性相（図 4.8 で $p<p_m$）において 0 になり，したがって左辺も 0 になる．すなわち，図 4.8 で斜線を引いた $p_c<p<p_m$ の部分では $q_m>0$, $m_m=0$ であり，スピングラス相の存在領域となる．

以上の議論での仮定は，通常の $\pm J$ 模型の低温部での強磁性相の存在だけである．これは 2 次元ではすでに証明されている事実であり，3 次元以上でも 2 次元の場合と同じ方法で容易に証明できる．したがって，$a<0$ の修正 $\pm J$ 模型では 2 次元以上でスピングラス相を持つことが証明された．

修正 $\pm J$ 模型では通常の $\pm J$ 模型と違って，ボンド変数 $\{\tau_{ij}\}$ の分布が (ij) ごとに独立ではない．しかし，スピングラス秩序パラメータ，自由エネルギー，比熱などのゲージ不変量は $\pm J$ 模型と同一の値を取るから，熱力学的性質が大きく異なるわけではない．$a>0$ の場合，分布 (4.10.1) は通常の $\pm J$ 模型の分布に比べて $\tau_{ij}>0$ の強磁性的な配位に対してより大きな確率を与え，したがって強磁性相が強調される傾向にある．$a<0$ ではその逆であり，このことが $a<0$ でのスピングラス相の存在に結びついているものと思われる．

いずれにしても，$\pm J$ 模型に多少の修正を加えることによりスピングラス相が 2 次元以上で確実に存在する模型が構成できることは，スピングラスの研究にとって重要な意味を持つ．

4.11 ゲージグラス

ゲージ対称性の議論は Ising 模型に限らずもっと一般的な場合にも適用できる．XY 模型で説明しよう．ハミルトニアンは

$$H = -J \sum_{\langle ij \rangle} \cos(\theta_i - \theta_j - \chi_{ij}) \tag{4.11.1}$$

である．χ_{ij} がランダムに分布している．$\chi_{ij} = 0$ なら普通の強磁性的 XY 模型である．ランダム変数が次の分布をしているとき，ゲージ理論が成立する．

$$P(\chi_{ij}) = \frac{1}{2\pi I_0(K_p)} e^{K_p \cos \chi_{ij}}. \tag{4.11.2}$$

ここで $I_0(K_p)$ は規格化因子を表す変形 Bessel 関数である．ゲージ変換は

$$\theta_i \to \theta_i - \phi_i, \quad \chi_{ij} \to \chi_{ij} - \phi_i + \phi_j. \tag{4.11.3}$$

ϕ_i は格子点 i ごとに任意に指定された実数であるゲージ変数を表す．ハミルトニアンはこのゲージ変換で不変である．分布関数 (4.11.2) の変換性は

$$P(\chi_{ij}) \to \frac{1}{2\pi I_0(K_p)} e^{K_p \cos\,(\phi_i - \phi_j - \chi_{ij})} \tag{4.11.4}$$

である．

内部エネルギーを計算しよう．定義式を書くと

$$[E] = \frac{N_B}{(2\pi I_0(K_p))^{N_B}} \int_0^{2\pi} \prod_{\langle ij \rangle} d\chi_{ij}\, e^{K_p \sum \cos \chi_{ij}} \\ \times \frac{\displaystyle\int_0^{2\pi} \prod_i d\theta_i \left\{-J \cos(\theta_i - \theta_j - \chi_{ij})\right\} e^{K \sum \cos(\theta_i - \theta_j - \chi_{ij})}}{\displaystyle\int_0^{2\pi} \prod_i d\theta_i e^{K \sum \cos(\theta_i - \theta_j - \chi_{ij})}}. \tag{4.11.5}$$

ゲージ変換により，積分区間が ϕ_i に応じてずれるが，被積分関数はいずれも 2π の周期関数だから，積分区間の平行移動は積分値に影響しない．よってゲージ変換をしても上式の値は同じであり，

$$[E] = -\frac{N_B J}{(2\pi I_0(K_p))^{N_B}} \int_0^{2\pi} \prod_{\langle ij \rangle} d\chi_{ij}\, e^{K_p \sum \cos(\phi_i - \phi_j - \chi_{ij})}$$

$$\times \frac{\displaystyle\int_0^{2\pi} \prod_i d\theta_i \cos(\theta_i - \theta_j - \chi_{ij}) e^{K\sum \cos(\theta_i - \theta_j - \chi_{ij})}}{\displaystyle\int_0^{2\pi} \prod_i d\theta_i e^{K\sum \cos(\theta_i - \theta_j - \chi_{ij})}}. \quad (4.11.6)$$

この両辺は $\{\phi_i\}$ の選び方によらないので，$\{\phi_i\}$ について 0 から 2π まで積分し，$(2\pi)^N$ で割っても値は変わらない

$$[E] = -\frac{N_B J}{(2\pi)^N (2\pi I_0(K_p))^{N_B}} \int_0^{2\pi} \prod_{\langle ij \rangle} d\chi_{ij} \int_0^{2\pi} \prod_i d\phi_i \, e^{K_p \sum \cos(\phi_i - \phi_j - \chi_{ij})}$$

$$\times \frac{\displaystyle\int_0^{2\pi} \prod_i d\theta_i \cos(\theta_i - \theta_j - \chi_{ij}) e^{K\sum \cos(\theta_i - \theta_j - \chi_{ij})}}{\displaystyle\int_0^{2\pi} \prod_i d\theta_i e^{K\sum \cos(\theta_i - \theta_j - \chi_{ij})}}. \quad (4.11.7)$$

$K = K_p$ のとき分子と分母の打ち消し合いが起こり，

$$[E] = -\frac{J}{(2\pi)^N (2\pi I_0(K))^{N_B}} \int_0^{2\pi} \prod_{\langle ij \rangle} d\chi_{ij} \frac{\partial}{\partial K} \int_0^{2\pi} \prod_i d\theta_i \, e^{K\sum \cos(\theta_i - \theta_j - \chi_{ij})}. \quad (4.11.8)$$

χ_{ij} についての積分を先に実行すると，各 $\langle ij \rangle$ ごとに $2\pi I_0(K)$ が得られるから

$$[E] = -\frac{J}{(2\pi)^N (2\pi I_0(K))^{N_B}} (2\pi)^N \frac{\partial}{\partial K} (2\pi I_0(K))^{N_B} = -J N_B \frac{I_1(K)}{I_0(K)}. \quad (4.11.9)$$

変形 Bessel 関数 $I_0(K)$ および $I_1(K)$ は特異性を持たず，また $I_0(K) > 0$ だから Ising 模型のときとまったく同様に，強磁性相から常磁性相へ西森ライン $K = K_p$ に沿って内部エネルギーを見ていくと，相境界を通過しても特異性が観測されない．

西森ライン上の比熱の上限も Ising 模型と同じようにして計算できる．答は

$$k_B T^2 [C] \leqq J^2 N_B \left(\frac{1}{2} + \frac{I_2(K)}{2 I_0(K)} - \left(\frac{I_1(K)}{I_0(K)} \right)^2 \right). \quad (4.11.10)$$

右辺は発散せず，比熱は西森ライン上で有限にとどまる．

相関等式と相関不等式についても簡単に述べておこう．相関関数は $[\langle \cos(\theta_i - \theta_j) \rangle_K]$ であるが，これが $[\langle \exp i(\theta_i - \theta_j) \rangle_K]$ に等しいことを使うとゲージ理論

が適用でき，次式が得られる．

$$[\langle\cos(\theta_i-\theta_j)\rangle_K]=[\langle\cos(\phi_i-\phi_j)\rangle_{K_p}\langle\cos(\theta_i-\theta_j)\rangle_K]. \quad (4.11.11)$$

絶対値を取り上限評価をすると

$$[\langle\cos(\theta_i-\theta_j)\rangle_K]\leqq[|\langle\cos(\phi_i-\phi_j)\rangle_{K_p}|]. \quad (4.11.12)$$

この式の解釈は Ising 模型のときと同様である．相図上で，スピングラス相の下に強磁性相が入っているような構造は許されないことがわかる．

4.12　動的相関関数

ゲージ理論は平衡状態の物理量のみならず，非平衡状態の諸性質の解明にも応用できる．このためには，時刻 t にスピン配位 $\boldsymbol{S}(\equiv\{S_i\})$ が実現している確率 $P_t(\boldsymbol{S})$ の時間発展方程式（**マスター方程式**（master equation））が出発点になる．

$$\frac{dP_t(\boldsymbol{S})}{dt}=\mathrm{Tr}_{S'}W(\boldsymbol{S}|\boldsymbol{S}')P_t(\boldsymbol{S}'). \quad (4.12.1)$$

ここで $W(\boldsymbol{S}|\boldsymbol{S}')$ は，単位時間に系が状態 $\boldsymbol{S}'$ から $\boldsymbol{S}$ に変化する確率（**遷移確率**（transition probability））を表す．(4.12.1) 式は，状態が $\boldsymbol{S}$ に流入してくる分だけ確率 $P_t(\boldsymbol{S})$ が増加することを表している．$W<0$ のときには流出による減少である．

具体例として，**動的 Ising 模型**（kinetic Ising model）

$$W(\boldsymbol{S}|\boldsymbol{S}')=\delta_1(\boldsymbol{S}|\boldsymbol{S}')\frac{\exp\left(-\dfrac{\beta}{2}\Delta(\boldsymbol{S},\boldsymbol{S}')\right)}{2\cosh\dfrac{\beta}{2}\Delta(\boldsymbol{S},\boldsymbol{S}')}$$
$$-\delta(\boldsymbol{S},\boldsymbol{S}')\mathrm{Tr}_{S''}\delta_1(\boldsymbol{S}''|\boldsymbol{S})\frac{\exp\left(-\dfrac{\beta}{2}\Delta(\boldsymbol{S}'',\boldsymbol{S})\right)}{2\cosh\dfrac{\beta}{2}\Delta(\boldsymbol{S},\boldsymbol{S}'')} \quad (4.12.2)$$

を考えてみよう．$\delta_1(\boldsymbol{S}|\boldsymbol{S}')$ は $\boldsymbol{S}$ と $\boldsymbol{S}'$ の差がスピン 1 個の反転だけのとき 1，そのほかのときは 0 になる関数

$$\delta_1(\boldsymbol{S}|\boldsymbol{S}')=\delta(2,\sum_i(1-S_iS_i')) \quad (4.12.3)$$

である．また $\Delta(\boldsymbol{S},\boldsymbol{S}')$ はエネルギー変化量 $H(\boldsymbol{S})-H(\boldsymbol{S}')$ を表す．(4.12.2) 式の

第 1 項は 1 カ所だけスピンが反転した $\boldsymbol{S}'$ から遷移確率 $e^{-\beta\Delta/2}/2\cosh(\beta\Delta/2)$ で系が $\boldsymbol{S}$ に変化してくるプロセスの寄与である．第 2 項は，$\boldsymbol{S}$ からスピンがひとつだけ反転して状態 $\boldsymbol{S}$ の確率が減少していくプロセスを表している．$\delta(\boldsymbol{S},\boldsymbol{S}'), \delta_1(\boldsymbol{S}|\boldsymbol{S}'), \Delta(\boldsymbol{S},\boldsymbol{S}')$ はいずれもゲージ不変だから，W もゲージ不変であることに注意しておこう: $W(\boldsymbol{S}|\boldsymbol{S}')=W(\boldsymbol{S\sigma}|\boldsymbol{S}'\boldsymbol{\sigma})$ $(\boldsymbol{S\sigma}=\{S_i\sigma_i\})$.

さて，マスター方程式 (4.12.1) の形式的な解は

$$P_t(\boldsymbol{S})=\mathrm{Tr}_{S'}\langle\boldsymbol{S}|e^{tW}|\boldsymbol{S}'\rangle P_0(\boldsymbol{S}') \tag{4.12.4}$$

と書ける．これを使って，動的な相関関数と磁化との間に次の関係が成立することが証明できる．

$$[\langle S_i(0)S_i(t)\rangle_K^{K_p}]=[\langle S_i(t)\rangle_K^F]. \tag{4.12.5}$$

ここで $\langle S_i(0)S_i(t)\rangle_K^{K_p}$ は，時刻 0 において結合の強さ（温度の逆数）K_p での平衡状態にあった系が，時刻 t まで時間変化したときの任意のサイト i のスピンの積の期待値（**自己相関関数**（autocorrelation function））である．

$$\langle S_i(0)S_i(t)\rangle_K^{K_p}=\mathrm{Tr}_S\mathrm{Tr}_{S'}S_i\langle\boldsymbol{S}|e^{tW}|\boldsymbol{S}'\rangle S_i'P_e(\boldsymbol{S}',K_p) \tag{4.12.6}$$

$$P_e(\boldsymbol{S}',K_p)=\frac{1}{Z(K_p)}\exp\,(K_p\textstyle\sum\tau_{ij}S_i'S_j'). \tag{4.12.7}$$

また $\langle S_i(t)\rangle_K^F$ は，完全強磁性状態から出発して時間 t だけ経過した後の任意のサイトの磁化

$$\langle S_i(t)\rangle_K^F=\mathrm{Tr}_S S_i\langle\boldsymbol{S}|e^{tW}|F\rangle \tag{4.12.8}$$

である．

(4.12.5) 式を証明するために，(4.12.8) の配位平均

$$[\langle S_i(t)\rangle_K^F]=\frac{1}{(2\cosh K_p)^{N_B}}\sum_{\{\tau_{ij}\}}e^{K_p\sum\tau_{ij}}\mathrm{Tr}_S S_i\langle\boldsymbol{S}|e^{tW}|F\rangle \tag{4.12.9}$$

でゲージ変換 ($\tau_{ij}\to\tau_{ij}\sigma_i\sigma_j$, $S_i\to S_i\sigma_i$) をすると，e^{tW} の項は $\langle\boldsymbol{S\sigma}|e^{tW}|F\rangle$ となる．これは W のゲージ不変性より，$\langle\boldsymbol{S}|e^{tW}|\boldsymbol{\sigma}\rangle$ に等しい．よって

$$\begin{aligned}[\langle S_i(t)\rangle_K^F]&=\frac{1}{(2\cosh K_p)^{N_B}}\frac{1}{2^N}\sum_{\{\tau_{ij}\}}\mathrm{Tr}_\sigma\, e^{K_p\sum\tau_{ij}\sigma_i\sigma_j}\mathrm{Tr}_S S_i\langle\boldsymbol{S}|e^{tW}|\boldsymbol{\sigma}\rangle\sigma_i\\&=\frac{1}{(2\cosh K_p)^{N_B}}\frac{1}{2^N}\mathrm{Tr}_S\mathrm{Tr}_\sigma S_i\langle\boldsymbol{S}|e^{tW}|\boldsymbol{\sigma}\rangle\sigma_i Z(K_p)P_e(\boldsymbol{\sigma},K_p).\end{aligned} \tag{4.12.10}$$

一方，(4.12.6) 式の配位平均はゲージ変換により上式に等しいことが容易に導かれる．こうして (4.12.5) 式が証明された．

(4.12.5) 式は，完全強磁性状態から出発したときの磁化の非平衡緩和が，逆温度 K_p での平衡状態から始めた自己相関関数と配位平均を取ったあとに一致することを示している．特に $K = K_p$ のときには，左辺は平衡状態での自己相関関数の変化を表しており，平衡量と非平衡量を直接結びつける興味深い関係となっている．

(4.12.5) 式をもう少し一般化した次の式も証明できる．

$$[\langle S_i(t_w)S_i(t+t_w)\rangle_K^{K_p}] = [\langle S_i(t_w)S_i(t+t_w)\rangle_K^F]. \tag{4.12.11}$$

両辺に現れる平均値の定義は次の通りである．

$$\langle S_i(t_w)S_i(t+t_w)\rangle_K^{K_p} \\ = \mathrm{Tr}_{S_0}\mathrm{Tr}_{S_1}\mathrm{Tr}_{S_2} S_{2i}\langle \boldsymbol{S}_2|e^{tW}|\boldsymbol{S}_1\rangle S_{1i}\langle \boldsymbol{S}_1|e^{t_w W}|\boldsymbol{S}_0\rangle P_e(\boldsymbol{S}_0, K_p) \tag{4.12.12}$$

$$\langle S_i(t_w)S_i(t+t_w)\rangle_K^F \\ = \mathrm{Tr}_{S_1}\mathrm{Tr}_{S_2} S_{2i}\langle \boldsymbol{S}_2|e^{tW}|\boldsymbol{S}_1\rangle S_{1i}\langle \boldsymbol{S}_1|e^{t_w W}|F\rangle. \tag{4.12.13}$$

(4.12.12) 式は，逆温度 K_p で平衡にある系を $t=0$ で逆温度 K にして t_w だけ待ったあとで，時間間隔 t をおいて測定した自己相関関数である．一方，(4.12.13) 式は (4.12.12) 式における K_p での平衡状態の代わりに完全強磁性状態を初期条件とした量である．(4.12.5) 式は (4.12.11) 式で $t_w = 0$ とした特別の場合に相当している．

(4.12.11) 式を証明するには，まず (4.12.13) 式でゲージ変換をすると初期条件を $\boldsymbol{\sigma}$ で置き換えた量が現れることに注意する．(4.12.10) 式での計算と同様に，この量の $\boldsymbol{\sigma}$ についての和を取って 2^N で割る．これを，(4.12.12) 式の配位平均でゲージ変換をして和を取った表式と比較すれば，直ちに (4.12.11) 式が得られる．この際に (4.12.13) 式はゲージ不変量であることに注意する．

(4.12.11) 式で特に $K = K_p$ とすると

$$[\langle S_i(0)S_i(t)\rangle_{K_p}^{\mathrm{eq}}] = [\langle S_i(t_w)S_i(t+t_w)\rangle_{K_p}^F] \tag{4.12.14}$$

が得られる．$K = K_p$ のときには (4.12.11) 式の左辺は平衡状態での自己相関関数であり t_w によらないはずだから，$t_w = 0$ とおいた．(4.12.14) 式は，完全強磁性状態から始めて待ち時間 t_w のあいだ逆温度 K_p に固定した後に測定した自己相関関数が，平均的には t_w に依存しないことを示している．非平衡状態における物理量の振る舞いが測定開始までの待ち時間 t_w に依存する現象は**エイジング**(aging)(劣化現象)と呼ばれ，スピングラス相の重要な特徴と考えられている．(4.12.14) 式によると，完全強磁性状態を初期条件とする自己相関関数の配位平均は，西森ライン上ではエイジングを示さない．

誤り訂正符号

雑音のある通信路を通じて情報を効率よく伝達する問題は，今日の情報化社会において重要な意味を持っている．スピングラスの理論がこの問題と密接な関係にある．雑音がスピングラスにおけるランダムな相互作用に対応し，情報のビット列が Ising スピンの配位に対応するのである．レプリカ法とゲージ理論が解析の手段として有用である．

5.1　誤り訂正符号

雑音のある通信路を経由しての情報伝達の理論(情報理論)は，ほぼ半世紀前に Shannon によって創始されて以来の長い歴史を持っている．雑音，通信，情報推定などの概念をスピングラスの統計力学の立場から見直してみよう．

5.1.1　情報の伝達

ある場所から別の場所に情報を伝えたいとしよう．情報は長さ N のビット列で表されていると仮定する．情報伝送のための経路を**通信路**(channel)という．通信路には雑音があり，出力は入力と一部異なるのが普通である．雑音の混じった出力から，もとの情報を推定するにはどうすればよいだろうか．

元の情報(ビット列)をそのまま通信路に流し込んだのでは，出力ビット列のどの部分が正しくてどれが誤ったものかを推定することは困難である．そこで通常，元の情報そのものではなく，何らかの形で雑音を後で除去する手がかりを付加して情報を**冗長**(redundant)にしてから送信する．これを**通信路符号化**(channel encoding)という．以後，単に符号化(encoding)と呼ぶことにしよう．符号化された情報は，雑音によってところどころ乱されて通信路から出力される．この出力から，冗長性をうまく利用して元の情報を復元する過程を**復号化**(decoding)という．

符号化の意味を理解するために，もっとも単純な例として同じ情報(ビット列)を3回繰り返して送ることにしてみよう．送られてきた3つのビット列が完全に一致していれば，雑音はなかったものとみなせるし，特定のビットが食い違っていれば，3つの情報列の中で，食い違いの生じているビットについて多数決で0か1かを決めればよい．こうして信号を冗長化することにより，ある程度雑音が混じっても元の情報を推定することができるようになる．

もっと洗練された方法として，**パリティ検査符号**(parity-check code)がある．例えば，元の信号で7ビットを組にしてその中に1が偶数個か奇数個かに応じて8ビット目に0か1を付け加えて符号を構成する．そうすると8ビットの組の中に含まれる1の数は必ず偶数個になる．通信路の雑音は0を1に変え，1を0に変える．雑音があまり強くなくて，せいぜい1ビットしか乱さないなら，出力の8ビットの中に1が偶数個含まれているときは雑音の影響はなかったとみなせるし，奇数個ならどこかおかしいことになり，誤りが検出できる(図5.1)．検出だけでなく誤りを訂正するにはもっと工夫が必要であるが，これについては，後の節で説明を加えていく．

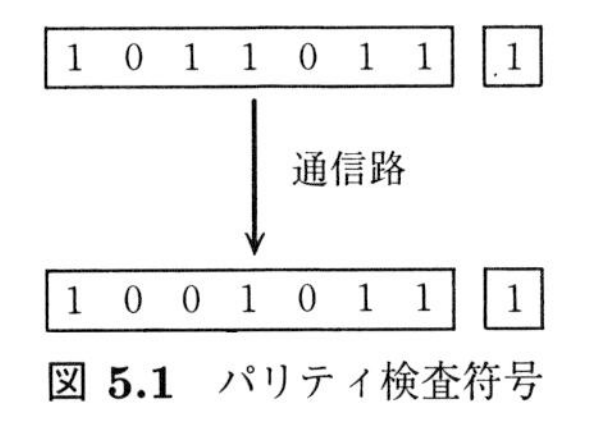

図 5.1　パリティ検査符号

5.1.2　スピングラスとの類似性

情報の伝達の問題を統計力学で取り扱いやすくするために，0と1の代わりに±1のIsingスピンを導入しよう．0と1のmod 2での和(2は0とみなす演算)がビット列の演算(例えば上記のパリティビットの生成)の基本であるが，これは0と$S_i = 1$を，そして1と$S_i = -1$を対応させればIsingスピンの積にちょうど対応している．例えば，$0+1=1$ は $1\times(-1)=-1$ と読みかえられるし，$1+1=0$ は $(-1)\times(-1)=1$ になる．以後，ビット列とスピン配位を同一視する．

パリティビットの生成に対応して，適当なスピンの積を作ってそれらのスピン間の相互作用とみなすことにしよう．これは，スピングラスの**Mattis 模型**によく似ている．Mattis 模型では，隣接格子点に割り当てられた Ising スピンを ξ_i と ξ_j とするとそれらの積を取って，その積を相互作用 $J_{ij}=\xi_i\xi_j$ とするのである．相互作用をこのように構成すると，ハミルトニアン

$$H=-\sum_{\langle ij\rangle}J_{ij}S_iS_j=-\sum_{\langle ij\rangle}\xi_i\xi_jS_iS_j \tag{5.1.1}$$

の基底状態が正しいもとのスピン配位 $S_i=\xi_i$ $(\forall i)$（あるいはその全反転 $S_i=-\xi_i$ $(\forall i)$）であることは明らかである（図 5.2）．

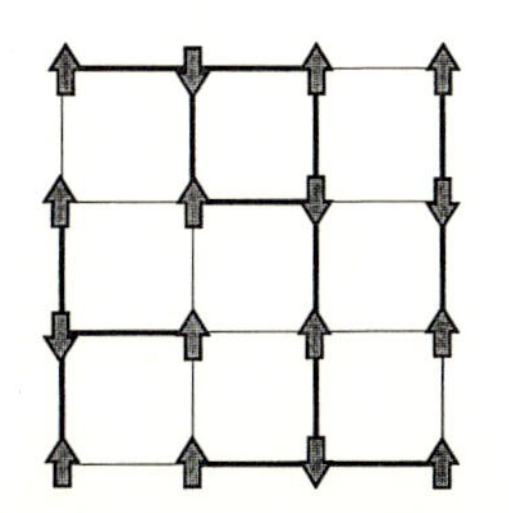

図 5.2　雑音がないときの Mattis 模型の基底スピン配位．細線は強磁性的相互作用，太線は反強磁性的相互作用である．

さて，スピン配位自体の代わりに，こうして作った相互作用を雑音のある通信路に入力する．相互作用の数 N_B は一般にスピンの数 N より大きいから，情報は冗長化されている．例えば 2 次元正方格子の Mattis 模型では，相互作用の数は隣接する格子点の数 $2N$ である．通信路の出力においては，ところどころ符号が入力とは反転している．元の相互作用で任意の閉じたループ c について J_{ij} の積を作ると，各 ξ_i が必ず 2 回ずつ出てくるから積 $f_c=\prod J_{ij}=\prod(\xi_i\xi_j)$ は常に 1 である．したがって，雑音の入ってない Mattis 模型ではフラストレーション（フラストレートした単位正方形）がないが，雑音による相互作用の符号の反転でフラストレーションが生じる（図 5.3）．このような場合でも，雑音の

影響が小さいなら基底状態が正しい元のスピン配位になっている(図 5.3)．こうして，スピンの積で作った相互作用を送ることにより，少々雑音があっても適切な復号化により元のスピン配位が正しく推定ができる．

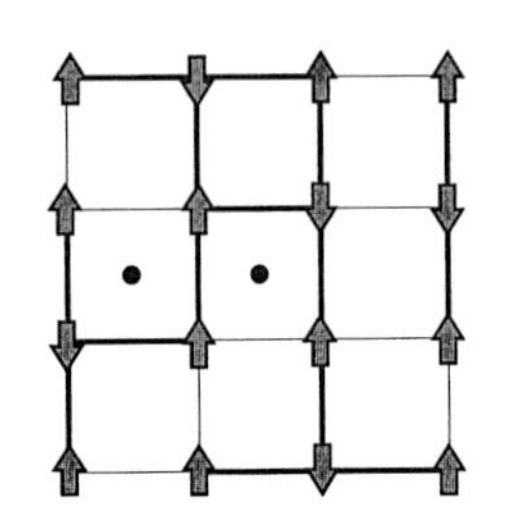

図 5.3　図 5.2 の相互作用が一部反転して雑音が混じったときの基底スピン配位．●の位置の単位正方形がフラストレートしている．

5.1.3　Shannon の限界

雑音のある通信路を通じて正確な情報伝送をするには冗長性を導入する必要があることがわかった．実は，復号化で元のスピン配位を誤りなく推定できるには，冗長性をある程度以上大きくしないといけないことが証明されている．

通信路の**情報伝送速度**(transmission rate) R を次の式で定義しよう．

$$R = \frac{N(\text{もともとの情報源のビット数})}{N_B(\text{冗長化され通信路に入力されたビット数})}. \qquad (5.1.2)$$

分母が小さいと冗長度が小さく，伝送速度が大きくなる．(5.1.2) 式に，通信路が 1 秒あたり何ビット伝達できるかを表す数を掛けると，毎秒伝達される情報ビット数が算出できる．

さて，ビットごとに雑音が独立に作用し，また $1 \to 0$ 反転の確率と $0 \to 1$ の確率が同じ場合(**無記憶 2 元対称通信路**(memoryless binary symmetric channel))に誤りのない復号化が可能になるには，伝送速度は次の不等式を満たさねばならないことが証明されている．

$$R \leqq C. \qquad (5.1.3)$$

ここで C は次式で計算される**通信路容量**(channel capacity)と呼ばれる量である.

$$C = 1 + p\log_2 p + (1-p)\log_2(1-p). \tag{5.1.4}$$

p は1つのビットが通信路で雑音により反転される確率である. (5.1.3) 式は **Shannon の通信路符号化定理**と呼ばれ, 伝送速度が通信路容量より小さければ確実な通信が可能であることを示している.

通信路符号化定理 (5.1.3) の厳密な証明はかなり込み入った話になるので, ここでは次のような議論を紹介するにとどめる. 符号化により付加された冗長性は $N_B - N$ ビットであるが, これにより $2^{N_B-N}\,(\equiv m)$ 個の数を表すことができる. ところで, 通信路の出力に含まれる誤りのビット数は pN_B 個であるが, この個数の誤りビットを N_B ビットの中にばらまく場合の数は ${}_{N_B}C_{pN_B}\,(\equiv l)$ 個ある. l 個の誤りパターンのうちの何番目のものが与えられた出力中に実現しているかがわかれば, 誤りの訂正ができる. したがって, $m \geqq l$ ならば冗長性の付加により誤りのパターンを特定することができるから誤りの訂正が可能になる. $m \geqq l$ の両辺の対数を取り, N_B が非常に大きいとして l に出てくる階乗に Stirling の公式を使えば, 不等式 (5.1.3) が導かれる.

もちろん, 入力側においてはじめから誤りのパターンを指定して送信するわけはなく, 冗長性の部分に誤りのパターン番号の情報を入れておいて通信路に入力することは実際にはできないから, 以上の議論は実用上は意味を持たない. しかし, 仮にそのようなことができたとしても, 少なくとも (5.1.3) 式を満たすだけのビット数 N_B を持ってこないと出力側で誤りの訂正のしようがないことは確かである.

Shannon の限界 (5.1.3) の等号を漸近的に満たす具体的な符号化法として, **Sourlas の符号**(Sourlas code)がある. スピンの積で相互作用を作るのであるが, N 個の格子点から r 個を選ぶ組み合わせすべてについて Mattis 模型的なスピンの積を取って, それらの格子点間の相互作用とする*1. r 体相互作用を持つ無限レンジ模型である. r を固定して N が大きい極限を取り, さらに $r \to \infty$ とすると Shannon の限界を満たし, かつ誤りの確率が 0 に漸近することが以

*1 5.1.2 節では $r = 2$ で説明したが, 以後一般の $r\,(= 2, 3, 4, \cdots)$ で話を進める.

下で示される．ただしこの場合，不等式 (5.1.3) は両辺とも同じ割合で 0 に近づきながら等号になっていくので，伝送速度 R は無限小で，通信の効率は良くない．この点を改善するには，すべての可能な組み合わせについてスピンの積を取るのではなく，それらの組み合わせの中からごく限られた一部分を取ればよいことが最近明らかにされている．

5.1.4　有限温度復号

5.1.2 節の話に戻り，雑音が必ずしも小さくない場合に誤りを含んだ相互作用から元のスピン配位を推定する問題を再考しよう．雑音が小さければ，基底状態が元のスピン配位になっていた (図 5.3)．雑音が大きくなると，基底状態は元のスピン配位とは異なったものになる (図 5.4)．ということは，元のスピン配位は励起状態であるから，温度が有限の状態を見るほうが正しい復号化を行える可能性が高いものと思われる．実際，通信路の特性 (雑音の混じる確率 p) に応じて決まる特定の温度 $T(p)$ での熱平衡状態を調べるほうが，基底状態を見るよりもよい結果が得られることがわかる．この温度 $T(p)$ が実は，スピングラスの西森ラインの温度になっているのである．

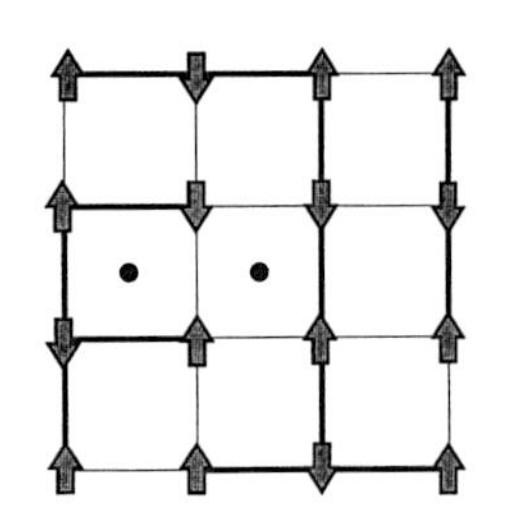

図 5.4　雑音による相互作用の反転が多いと基底状態は元の状態 (図 5.2 や 5.3) と異なる．

5.2　スピングラス表現

前節の定性的な話をスピングラス理論の形で定量的に表現し，具体的な計算を進めてみよう．

5.2.1 条件付き確率

Ising スピンのスピン配位 $\{\xi_i\}$ が確率分布 $P_s(\{\xi_i\})$ にしたがって生成されるとする．$P_s(\{\xi_i\})$ を事前分布という．生成されたスピン配位を雑音のある通信路を通じて伝達したい．r 個のスピンの積

$$J^0_{i_1\cdots i_r} = \xi_{i_1}\cdots\xi_{i_r} (= \pm 1) \tag{5.2.1}$$

をいくつか作り，それらを通信路に入力する．$J^0_{i_1\cdots i_r} = \xi_{i_1}\cdots\xi_{i_r}$ に対応する通信路の出力 $J_{i_1\cdots i_r}$ は，確率 p で入力と反転して $-\xi_{i_1}\cdots\xi_{i_r}$ になっており，また確率 $1-p$ で入力通りの $\xi_{i_1}\cdots\xi_{i_r}$ である．このような特性を持つ通信路を，2 元対称通信路という．2 元対称通信路の上述の出力特性は，次のような条件付き確率としても書き表せる．

$$P_{\rm out}(J_{i_1\cdots i_r}|\xi_{i_1}\cdots\xi_{i_r}) = \frac{\exp\left(\beta_p J_{i_1\cdots i_r}\xi_{i_1}\cdots\xi_{i_r}\right)}{2\cosh\beta_p}. \tag{5.2.2}$$

ここで β_p は次の式で決まる p の関数である．

$$\exp 2\beta_p = \frac{1-p}{p}. \tag{5.2.3}$$

(5.2.2) 式は $J_{i_1\cdots i_r} = \xi_{i_1}\cdots\xi_{i_r}$ の場合には (5.2.3) 式より $1-p$ になり，逆符号の場合 $J_{i_1\cdots i_r} = -\xi_{i_1}\cdots\xi_{i_r}$ には p になることがわかるから，(5.2.2) 式は通信路の特性を正しく表す条件付き確率である．(5.2.2) 式と (5.2.3) 式は，ゲージ理論の分布関数の式 (4.2.4)–(4.2.6) に類似している．(5.2.3) 式で定義される β_p の逆数は，スピングラスの西森ラインの温度（確率 p の関数）と同じものである*2.

(5.2.2) 式が各スピンの組 $(i_1\cdots i_r)$ についてそれぞれに独立に成立するとしよう．すなわち，それぞれのビットが互いに独立に雑音の影響を受ける無記憶通信路を考えるのである．このとき，送信する情報全体としての雑音特性は (5.2.2) の積になる．

$$P_{\rm out}(\{J\}|\{\xi\}) = \frac{1}{(2\cosh\beta_p)^{N_B}}\exp\left(\beta_p \sum J_{i_1\cdots i_r}\xi_{i_1}\cdots\xi_{i_r}\right). \tag{5.2.4}$$

---

*2 ただし，本章と第 4 章とでは p と $1-p$ が入れかわっていることに注意されたい．

和は (5.2.1) 式でスピンの積を作った組 $(i_1 \cdots i_r)$ すべてについて取る．N_B はこの和に現れる項の数であり，通信路に入力されるビット数になる．

5.2.2　Bayes の公式

さて，出力 $\{J_{i_1 \cdots i_r}\}$ からもとの信号 $\{\xi_i\}$ をできるだけ正しく推定することが重要な課題である．このためには，$\{J_{i_1 \cdots i_r}\}$ が与えられたときの $\{\xi_i\}$ についての条件付き確率（事後分布）が必要になる．これは (5.2.4) 式とは逆の条件付き確率であり，Bayes の公式が必要になる．

一般に，2 つの事象 A, B があるとき，これらが 2 つとも起きる確率 $P(A, B)$ は，B が起きたという条件の下で A が起きる条件付き確率 $P(A|B)$ とその逆の条件付き確率 $P(B|A)$ によって次のように表される．

$$P(A, B) = P(A|B)P(B) = P(B|A)P(A). \tag{5.2.5}$$

これより

$$P(A|B) = \frac{P(B|A)P(A)}{P(B)} = \frac{P(B|A)P(A)}{\sum_A P(B|A)P(A)} \tag{5.2.6}$$

が得られる．(5.2.6) 式を **Bayes の公式**（Bayes formula）という．

Bayes の公式を使うと，今求めたい $P(\{\sigma\}|\{J\})$ が (5.2.4) 式で表される．

$$P(\{\sigma\}|\{J\}) = \frac{P_{\rm out}(\{J\}|\{\sigma\})P_s(\{\sigma\})}{{\rm Tr}_\sigma P_{\rm out}(\{J\}|\{\sigma\})P_s(\{\sigma\})}. \tag{5.2.7}$$

推定されたスピン配位と真のスピン配位を区別するために，前者には $\{\sigma\}$ を使い，後者には $\{\xi\}$ を使うことにする．(5.2.7) 式が以後の議論の基本になる．

無記憶 2 元対称通信路の場合，(5.2.7) 式の右辺で $P_{\rm out}$ の部分は (5.2.4) のように表されることがすでにわかっている．もっとも，雑音レベル p は未知の場合もあることに注意しておく．したがって，事前分布 P_s がわかれば (5.2.7) による元の信号の推定が実行できる．一般的な取り扱いを可能にするために，さまざまな情報が同じ確率で生成されているような情報源を考えよう．このとき P_s は定数である．したがって事後分布は

$$P(\{\sigma\}|\{J\}) = \frac{\exp\left(\beta_p \sum J_{i_1 \cdots i_r} \sigma_{i_1} \cdots \sigma_{i_r}\right)}{{\rm Tr}_\sigma \exp\left(\beta_p \sum J_{i_1 \cdots i_r} \sigma_{i_1} \cdots \sigma_{i_r}\right)} \tag{5.2.8}$$

となる．$\{J_{i_1 \cdots i_r}\}$ は通信路の出力として与えられた量だから，(5.2.8) 式はクエ

ンチされたランダムな相互作用 $\{J_{i_1\cdots i_r}\}$ を持つスピングラスの Boltzmann 因子に他ならない．このような意味において，無記憶2元対称通信路での情報推定の問題は，スピングラスの統計力学と形式的に等価であることがわかった．

5.2.3 MAP と有限温度復号

通信路の出力 $\{J\}$ が与えられたとき，推定スピン配位 $\{\sigma\}$ の確率分布は (5.2.8) 式だから，いろいろな $\{\sigma\}$ のうちで一番もっともらしいのは，(5.2.8) 式を最大化するような $\{\sigma\}$ だろう．Boltzmann 因子の最大化だから，スピン系の言葉で言えば基底状態である．こうして，情報推定はハミルトニアン

$$H = -\sum J_{i_1\cdots i_r}\sigma_{i_1}\cdots\sigma_{i_r} \tag{5.2.9}$$

で表されるスピングラスの基底状態探索問題に帰着された．このような方法を，**最大事後確率**（Maximum A Posteriori, **MAP**）**法**と呼ぶ．5.1.2 節で説明した方法である．

MAP はビット列 $\{\sigma\}$ 全体としての事後確率を最大化するが，これとは異なる復号化法もある．特定のビット i に注目し，その他のビットは当面考慮しないことにする．(5.2.8) 式の確率分布で σ_i 以外のスピンについて和を取ると，σ_i だけについての事後確率が得られる．

$$P(\sigma_i|\{J\}) = \frac{\mathrm{Tr}_{\sigma(\neq\sigma_i)}\exp\left(\beta_p\sum J_{i_1\cdots i_r}\sigma_{i_1}\cdots\sigma_{i_r}\right)}{\mathrm{Tr}_\sigma\exp\left(\beta_p\sum J_{i_1\cdots i_r}\sigma_{i_1}\cdots\sigma_{i_r}\right)}. \tag{5.2.10}$$

この式で $P(\sigma_i=1|\{J\})$ と $P(\sigma_i=-1|\{J\})$ を比べ，前者が大きいなら1をビット i の復号結果とし，後者が大なら -1 とする．このプロセスをすべてのビットについて行って得られた結果を集めて最終的な復号結果とするとき，**有限温度復号**（finite-temperature decoding）あるいは **MPM**（Maximizer of the Posterior Marginals）という．明らかに MAP とは別の考え方である．

有限温度復号の意味を別の角度から考えてみよう．2つの場合の確率の差

$$P(\sigma_i=1|\{J\}) - P(\sigma_i=-1|\{J\}) \tag{5.2.11}$$

の符号をビット i の復号とするのだから，これは

$$\mathrm{sgn}\left(\sum_{\sigma_i=\pm1}\sigma_i P(\sigma_i|\{J\})\right) = \mathrm{sgn}\left(\frac{\mathrm{Tr}_\sigma\,\sigma_i P(\sigma_i|\{J\})}{\mathrm{Tr}_\sigma P(\sigma_i|\{J\})}\right) = \mathrm{sgn}\,\langle\sigma_i\rangle_{\beta_p} \tag{5.2.12}$$

と書ける．$\langle\sigma_i\rangle_{\beta_p}$ は (5.2.8) 式を Boltzmann 因子として求めた局所磁化である．(5.2.12) 式は，有限温度 β_p^{-1} で局所磁化を求め，その符号を復号結果とすることを表している．MAP は，(5.2.12) 式で β_p の代わりに十分大きな逆温度（十分小さな温度）の極限を取ったことに相当する．ビット列全体の事後確率の最大化が MAP だが，実は有限温度復号の絶対零度極限と等価になっているのである．一方，各ビットごとの事後確率の最大化が $\beta = \beta_p$ での有限温度復号である．これら両者の関係を次節以後で詳しく解析していく．

5.2.4　Gauss 通信路

2 元対称通信路以外にもいろいろな通信路がある．代表的なのが **Gauss 通信路**（Gaussian channel）である．元の情報ビット $\xi_{i_1}\cdots\xi_{i_r}\,(=\pm 1)$ は強さ J_0 の信号 $J_0\xi_{i_1}\cdots\xi_{i_r}$ として通信路に入力される．出力は，この入力の周りに分散 J^2 を持つ Gauss 分布である．

$$P_{\mathrm{out}}(J_{i_1\cdots i_r}|\xi_{i_1}\cdots\xi_{i_r}) = \frac{1}{\sqrt{2\pi}J}\exp\left\{-\frac{(J_{i_1\cdots i_r} - J_0\xi_{i_1}\cdots\xi_{i_r})^2}{2J^2}\right\}. \tag{5.2.13}$$

事前分布が一様のとき，事後分布は Bayes の公式により

$$P(\{\sigma\}|\{J\}) = \frac{\exp\left(\dfrac{J_0}{J^2}\sum J_{i_1\cdots i_r}\sigma_{i_1}\cdots\sigma_{i_r}\right)}{\mathrm{Tr}_\sigma \exp\left(\dfrac{J_0}{J^2}\sum J_{i_1\cdots i_r}\sigma_{i_1}\cdots\sigma_{i_r}\right)}. \tag{5.2.14}$$

これと (5.2.8) 式を比べると，2 元対称通信路で β_p を J_0/J^2 で置き換えれば Gauss 通信路の事後分布になることがわかる．したがって，以後の議論はどちらについてもほとんど同様にして展開できる．

5.3　重なりのパラメータ

5.3.1　復号化の尺度

復号化された情報が元の情報にどれだけ近いかを表すパラメータを導入しよう．復号化された情報の i 番目のビットは $\mathrm{sgn}\,\langle\sigma_i\rangle_\beta$ である．有限温度復号なら $\beta = \beta_p$，MAP なら $\beta \to \infty$ である．有限温度復号の場合でも通信路の雑音レ

ベル p が未知なら β_p はわからないから，β を一般の値に留めたまま以後の議論を進めよう．

$\mathrm{sgn}\,\langle\sigma_i\rangle_\beta$ と，元の情報の対応するビット ξ_i の積 $\xi_i\,\mathrm{sgn}\,\langle\sigma_i\rangle_\beta$ は，これらが一致していれば 1, 異なっていれば -1 である．この積が 1 になる確率を高めることが課題である．この積を通信路の出力特性 $P_{\mathrm{out}}(\{J\}|\{\xi\})$ と事前分布 $P_s(\{\xi\})$ で平均した量

$$M(\beta) = \mathrm{Tr}_\xi \sum_{\{J\}} P_s(\{\xi\}) P_{\mathrm{out}}(\{J\}|\{\xi\})\ \xi_i\,\mathrm{sgn}\,\langle\sigma_i\rangle_\beta \qquad (5.3.1)$$

を元の情報と復号情報の**重なり** (overlap) ということにしよう．ここで，サイトに割り当てられた変数 $\{\xi_i\}$ についての和は Tr_ξ で表し，ボンド変数 $\{J_{i_1\cdots i_r}\}$ についての和は $\sum_{\{J\}}$ の記号で表している．$M(\beta)$ が 1 に近いほどよい復号化である．一様な情報源 $P_s(\{\xi\}) = 2^{-N}$ の場合，$\{\xi\}$ と $\{J\}$ についての平均を行うと，上式の右辺は i に依存しなくなる．

$$M(\beta) = \frac{1}{2^N(2\cosh\beta_p)^{N_B}} \mathrm{Tr}_\xi \sum_{\{J\}} \exp\left(\beta_p \sum J_{i_1\cdots i_r}\xi_{i_1}\cdots\xi_{i_r}\right)\xi_i\,\mathrm{sgn}\,\langle\sigma_i\rangle_\beta . \qquad (5.3.2)$$

5.3.2 重なりの上限

重なりの顕著な性質として，$M(\beta)$ は β の関数として非単調関数であり，$\beta = \beta_p$ のとき最大値を取ることが証明できる．

$$M(\beta) \leqq M(\beta_p). \qquad (5.3.3)$$

すなわち，正しいパラメータ $\beta = \beta_p$ で有限温度復号を行ったとき，重なりの最大化という意味で最適な復号化になるのである．

(5.3.3) 式を証明するには，まず (5.3.2) 式の右辺の絶対値を取り，次いで絶対値記号を $\{J_{ij}\}$ についての和の内側に入れる．

$$M(\beta) \leqq \frac{1}{2^N(2\cosh\beta_p)^{N_B}} \sum_{\{J\}} \left|\mathrm{Tr}_\xi\,\xi_i \exp\left(\beta_p \sum J_{i_1\cdots i_r}\xi_{i_1}\cdots\xi_{i_r}\right)\right| . \qquad (5.3.4)$$

ここで，$|\mathrm{sgn}\,\langle\sigma_i\rangle_\beta| = 1$ を使った．この右辺をさらに次のように書きかえると (5.3.3) 式が得られる．

$$
\begin{aligned}
M(\beta) &\leqq \frac{1}{2^N(2\cosh\beta_p)^{N_B}}\sum_{\{J\}}\frac{\left(\mathrm{Tr}_\xi\,\xi_i\exp\left(\beta_p\sum J_{i_1\cdots i_r}\xi_{i_1}\cdots\xi_{i_r}\right)\right)^2}{\left|\mathrm{Tr}_\xi\,\xi_i\exp\left(\beta_p\sum J_{i_1\cdots i_r}\xi_{i_1}\cdots\xi_{i_r}\right)\right|} \\
&= \frac{1}{2^N(2\cosh\beta_p)^{N_B}}\sum_{\{J\}}\mathrm{Tr}_\xi\,\xi_i\exp\left(\beta_p\sum J_{i_1\cdots i_r}\xi_{i_1}\cdots\xi_{i_r}\right) \\
&\quad\times\frac{\mathrm{Tr}_\xi\,\xi_i\exp\left(\beta_p\sum J_{i_1\cdots i_r}\xi_{i_1}\cdots\xi_{i_r}\right)}{\left|\mathrm{Tr}_\xi\,\xi_i\exp\left(\beta_p\sum J_{i_1\cdots i_r}\xi_{i_1}\cdots\xi_{i_r}\right)\right|} \\
&= \frac{1}{2^N(2\cosh\beta_p)^{N_B}}\sum_{\{J\}}\mathrm{Tr}_\xi\,\xi_i\exp\left(\beta_p\sum J_{i_1\cdots i_r}\xi_{i_1}\cdots\xi_{i_r}\right)\mathrm{sgn}\,\langle\sigma_i\rangle_{\beta_p} \\
&= M(\beta_p).
\end{aligned}
\tag{5.3.5}
$$

Gauss 通信路についても，ほとんど同様にして次の不等式が証明できる．

$$
M(\beta) = \frac{1}{2^N}\,\mathrm{Tr}_\xi\int\prod dJ_{i_1\cdots i_r}\,P_{\mathrm{out}}\left(\{J\}|\{\xi\}\right)\xi_i\,\mathrm{sgn}\,\langle\sigma_i\rangle_\beta \leqq M\left(\frac{J_0}{J^2}\right). \tag{5.3.6}
$$

以上でわかったように，(5.3.1) 式で定義されたビットごとの重なりは，正しいパラメータを使った有限温度復号 $\beta=\beta_p$（2 元対称通信路の場合）で最大になる．$\beta=\beta_p$ での有限温度復号は，1 つのビットに注目した場合の事後確率を最大化するように定義されたのだから，当然のことではある．MAP はビット列 $\{\sigma_i\}$ 全体としての事後確率を最大化するが，個々のビットに着目したときの誤りの確率は有限温度復号より高い．

不等式 (5.3.3) あるいは (5.3.6) は，ゲージ理論で導かれた 4.9 節の (4.9.5) 式と本質的に同一のものである．これを理解するために，一様な情報源の場合の重なり $M(\beta)$ の計算では $\xi_i=1\,(\forall i)$としても一般性を失わないことに注意する．これを**強磁性ゲージ**（ferromagnetic gauge）という．実際，(5.3.1) 式でゲージ変換 $J_{i_1\cdots i_r}\to J_{i_1\cdots i_r}\xi_{i_1}\cdots\xi_{i_r}, \sigma_i\to\sigma_i\xi_i$ を実行すれば ξ_i は式から消える．すると，(5.3.1) 式で定義された M は，(4.9.3) 式において 2 体相関関数の代わりに 1 体のスピン期待値を持ってきたものと同一になるのである．4.9 節での議論は 2 体相関関数に限らず任意の相関関数について成立するから，本節の結果と一致する．したがって，誤りの確率 p を固定して復号温度を変化させていくと，西森ラインに相当する温度で元の情報との重なり M が最大になる．なお Gauss 通信路の場合にも，(5.3.6) 式は Gauss 模型において西森ラインが $J_0/J^2=\beta$ になること（4.3.3 節参照）に対応している．

5.4　無限レンジ模型

不等式 (5.3.3) から $M(\beta)$ が非単調であることがわかるが，具体的な β 依存性まではわからない．一方，$\beta=\beta_p$ のとき $M(\beta)$ が最大になり最適な復号化ができることがわかっていても，通信路の雑音レベル p が知られていない場合もあるから，β を β_p にちょうど合わせるのは，実用上自明な課題ではない．何らかの方法で β_p を推定するのだが，推定には誤差が付きまとうから，β がどのくらい β_p からずれたら $M(\beta)$ がどのくらい影響を受けるかを見積もることができれば有用である．

そこで，$M(\beta)$ の関数形が具体的に求められる模型があれば，きちんと解けない場合にも 1 つの指針を与えることになろう．無限レンジ模型はこの意味において重要な役割を果たすのである．

5.4.1　無限レンジ模型

5.1.3 節で述べた Sourlas の符号が無限レンジ模型に対応している．この場合，ハミルトニアン

$$H=-\sum_{i_1<\cdots<i_r} J_{i_1\cdots i_r}\sigma_{i_1}\cdots\sigma_{i_r} \tag{5.4.1}$$

に出てくる和は，N 個のスピンから r 個を選ぶ組み合わせのすべてについて取ったものであり，項数は $N_B={}_NC_r$ となる．r 体の相互作用を持つ無限レンジ模型は，レプリカ法で比較的容易に解ける．Gauss 通信路についてこの計算を実行しよう．

無限レンジ模型の場合，ハミルトニアン (5.4.1) の期待値が $N\to\infty$ の極限で示量的になる（N に比例する）ためには，Gauss 分布 (5.2.13) の J_0 と J を適当に N でスケールしなければならない．また，$N\to\infty$ の後にさらに $r\to\infty$ の極限を取ってもさまざまな物理量が有限に留まることを要請すると，r についても適切なスケールが必要になる．これらの要請を満たす Gauss 分布は

$$P_{\rm out}(J_{i_1\cdots i_r}|\xi_{i_1}\cdots\xi_{i_r})$$
$$= \left(\frac{N^{r-1}}{J^2\pi r!}\right)^{1/2} \exp\left\{-\frac{N^{r-1}}{J^2 r!}(J_{i_1\cdots i_r} - \frac{j_0 r!}{N^{r-1}}\xi_{i_1}\cdots\xi_{i_r})^2\right\} \tag{5.4.2}$$

である．J と j_0 は N や r に依存しない量である．実際，(5.4.2) 式を使って以下求められた諸量が，上述の極限で無意味なふるまいをしないことから，(5.4.2) 式が適切な分布であることがわかる．

5.4.2　レプリカ計算

スピングラス模型のレプリカ計算の通例にしたがって，分配関数の n 乗の配位平均を求め，$n \to 0$ とする．この過程でさまざまな秩序パラメータが自然に出現してくる．重なりのパラメータ M は，これら秩序パラメータの関数として求められる．

無限レンジ模型の分配関数の n 乗の配位平均は，事前分布が一様のとき（$P_s = 2^{-N}$），次のように書ける．

$$[Z^n] = {\rm Tr}_\xi \int \prod_{i_1<\cdots<i_r} dJ_{i_i\cdots i_r}\, P_s(\{\xi\}) P_{\rm out}(\{J\}|\{\xi\})\, Z^n$$
$$= \frac{1}{2^N}{\rm Tr}_\xi \int \prod_{i_1<\cdots<i_r} dJ_{i_i\cdots i_r} \left(\frac{N^{r-1}}{J^2\pi r!}\right)^{1/2}$$
$$\times \exp\left\{-\frac{N^{r-1}}{J^2 r!}\sum_{i_1<\cdots<i_r}(J_{i_1\cdots i_r} - \frac{j_0 r!}{N^{r-1}}\xi_{i_1}\cdots\xi_{i_r})^2\right\}$$
$$\times {\rm Tr}_\sigma \exp\left(\beta \sum_{i_1<\cdots<i_r} J_{i_1\cdots i_r}\sum_\alpha \sigma^\alpha_{i_1}\cdots\sigma^\alpha_{i_r}\right). \tag{5.4.3}$$

ここで $\alpha(=1,\cdots,n)$ はレプリカ番号である．(5.4.3) 式においてゲージ変換

$$J_{i_1\cdots i_r} \to J_{i_1\cdots i_r}\xi_{i_1}\cdots\xi_{i_r}, \quad \sigma_i \to \sigma_i\xi_i \tag{5.4.4}$$

を実行すると，被積分関数から $\{\xi_i\}$ が消える．つまり，$\xi_i = 1$ としたときと同じになる．強磁性ゲージである．以後，誤り訂正符号の議論においては強磁性ゲージでいろいろな量を計算することにする．このとき (5.4.3) 式の $\{\xi_i\}$ に関する和は 2^N を与え，規格化因子 2^{-N} と打ち消し合うから，この和と 2^{-N} の因子は以後考えなくてよい．

(5.4.3) 式の Gauss 積分は容易に実行できる．N についての低次の項と全体にかかる定数は無視することにして，結果は

$$\begin{aligned}
[Z^n] &= \mathrm{Tr}_\sigma \exp\left\{\frac{\beta^2 J^2 r!}{4N^{r-1}} \sum_{i_1<\cdots<i_r} (\sum_\alpha \sigma_{i_1}^\alpha \cdots \sigma_{i_r}^\alpha)^2 \right.\\
&\quad \left. + \frac{\beta r! j_0}{N^{r-1}} \sum_{i_1<\cdots<i_r} \sum_\alpha \sigma_{i_1}^\alpha \cdots \sigma_{i_r}^\alpha \right\}\\
&= \mathrm{Tr}_\sigma \exp\left\{\frac{\beta^2 J^2 r!}{4N^{r-1}} \sum_{i_1<\cdots<i_r} (\sum_{\alpha\neq\beta} \sigma_{i_1}^\alpha \cdots \sigma_{i_r}^\alpha \sigma_{i_1}^\beta \cdots \sigma_{i_r}^\beta + n) \right.\\
&\quad \left. + \frac{\beta r! j_0}{N^{r-1}} \sum_{i_1<\cdots<i_r} \sum_\alpha \sigma_{i_1}^\alpha \cdots \sigma_{i_r}^\alpha \right\}\\
&= \mathrm{Tr}_\sigma \exp\left\{\frac{\beta^2 J^2 N}{2} \sum_{\alpha<\beta} \left(\frac{1}{N}\sum_i \sigma_i^\alpha \sigma_i^\beta\right)^r + \frac{\beta^2 J^2}{4} Nn \right.\\
&\quad \left. + j_0 \beta N \sum_\alpha \left(\frac{1}{N}\sum_i \sigma_i^\alpha\right)^r \right\}. \qquad (5.4.5)
\end{aligned}$$

Tr_σ は $\{\sigma_i^\alpha\}$ についての和である．最後の表式を導くに当たっては，

$$\begin{aligned}
\frac{1}{N}\sum_{i_1<i_2} \sigma_{i_1}\sigma_{i_2} &= \frac{N}{2}\left(\frac{1}{N}\sum_i \sigma_i\right)^2 + O(N^0)\\
\frac{1}{N^2}\sum_{i_1<i_2<i_3} \sigma_{i_1}\sigma_{i_2}\sigma_{i_3} &= \frac{N}{3!}\left(\frac{1}{N}\sum_i \sigma_i\right)^3 + O(N^0) \qquad (5.4.6)
\end{aligned}$$

などを r 体相互作用に一般化した関係式を使った．スピンの和の r 乗が指数関数の肩にあると Tr_σ が実行しにくいので

$$q_{\alpha\beta} = \frac{1}{N}\sum_i \sigma_i^\alpha \sigma_i^\beta, \quad m_\alpha = \frac{1}{N}\sum_i \sigma_i^\alpha \qquad (5.4.7)$$

なる変数を導入し，(5.4.5) 式の r 乗のカッコ内を $q_{\alpha\beta}$ と m_α で置き換える．同時に (5.4.7) 式の制約を $\hat{q}_{\alpha\beta}$ および $\hat{m}_\alpha$ を積分変数とするデルタ関数の Fourier 変換形式で課す．

$$[Z^n] = \mathrm{Tr}_\sigma \int \prod_{\alpha<\beta} dq_{\alpha\beta} d\hat{q}_{\alpha\beta} \int \prod_\alpha dm_\alpha d\hat{m}_\alpha \exp\left\{ \frac{\beta^2 J^2 N}{2} \sum_{\alpha<\beta} (q_{\alpha\beta})^r \right.$$
$$- N \sum_{\alpha<\beta} q_{\alpha\beta}\hat{q}_{\alpha\beta} + N \sum_{\alpha<\beta} \hat{q}_{\alpha\beta} \left(\frac{1}{N} \sum_i \sigma_i^\alpha \sigma_i^\beta \right) + j_0 \beta N \sum_\alpha (m_\alpha)^r$$
$$\left. - N \sum_\alpha m_\alpha \hat{m}_\alpha + N \sum_\alpha \hat{m}_\alpha \left(\frac{1}{N} \sum_i \sigma_i^\alpha \right) + \frac{1}{4}\beta^2 J^2 N n \right\}. \tag{5.4.8}$$

こうすると，スピン変数についての和 Tr_σ が各 i ごとに独立に取れ，

$$[Z^n] = \int \prod_{\alpha<\beta} dq_{\alpha\beta} d\hat{q}_{\alpha\beta} \int \prod_\alpha dm_\alpha d\hat{m}_\alpha \exp\left\{ \frac{\beta^2 J^2 N}{2} \sum_{\alpha<\beta} (q_{\alpha\beta})^r \right.$$
$$- N \sum_{\alpha<\beta} q_{\alpha\beta}\hat{q}_{\alpha\beta} + \frac{1}{4}\beta^2 J^2 N n + j_0 \beta N \sum_\alpha (m_\alpha)^r$$
$$\left. - N \sum_\alpha m_\alpha \hat{m}_\alpha + N \log \mathrm{Tr} \exp\left(\sum_{\alpha<\beta} \hat{q}_{\alpha\beta} \sigma^\alpha \sigma^\beta + \sum_\alpha \hat{m}_\alpha \sigma^\alpha \right) \right\} \tag{5.4.9}$$

となる．ここでは，Tr は $\{\sigma^1, \cdots, \sigma^n\}$ についての和である．

5.4.3　レプリカ対称解

計算をさらに進めるためにレプリカ対称性を仮定し，

$$q = q_{\alpha\beta}, \quad \hat{q} = \hat{q}_{\alpha\beta}, \quad m = m_\alpha, \quad \hat{m} = \hat{m}_\alpha \tag{5.4.10}$$

とおく．n を固定して $N \to \infty$ の極限を取ると，積分は鞍点法に基づいて指数関数の肩の最大化により求められる．こうして次式が得られる．

$$[Z^n] \approx \exp N \left\{ \beta^2 J^2 \frac{n(n-1)}{4} q^r - \frac{n(n-1)}{2} q\hat{q} + j_0 \beta n m^r - n m \hat{m} + \frac{1}{4} n \beta^2 J^2 \right.$$
$$\left. + \log \mathrm{Tr} \int Du \, \exp\left(\sqrt{\hat{q}}\, u \sum_\alpha \sigma^\alpha + \hat{m} \sum_\alpha \sigma^\alpha - \frac{n}{2}\hat{q} \right) \right\}. \tag{5.4.11}$$

ここで $Du = e^{-u^2/2} du/\sqrt{2\pi}$ である．u は α, β についての 2 重和 $\sum_{\alpha<\beta}$ を 1 重化するために導入された変数である．Tr はレプリカごとに独立に実行できるから，$[Z^n] = \exp(-Nn\beta f)$ とおいたときの自由エネルギー βf は，$n \to 0$ の極限で

$$-\beta f = -\frac{1}{4}\beta^2 J^2 q^r + \frac{1}{2}q\hat{q} + \beta j_0 m^r - m\hat{m} + \frac{1}{4}\beta^2 J^2 - \frac{1}{2}\hat{q} + \int Du \log 2\cosh\left(\sqrt{\hat{q}}\,u + \hat{m}\right) \quad (5.4.12)$$

になる．

秩序パラメータが満たすべき状態方程式は鞍点条件で決まる．(5.4.12) 式の変分から

$$\hat{q} = \frac{1}{2}r\beta^2 J^2 q^{r-1}, \quad \hat{m} = \beta j_0 r m^{r-1} \quad (5.4.13)$$

$$q = \int Du \tanh^2(\sqrt{\hat{q}}\,u + \hat{m}), \quad m = \int Du \tanh\left(\sqrt{\hat{q}}\,u + \hat{m}\right) \quad (5.4.14)$$

が得られる．(5.4.13) 式を使って (5.4.14) 式から $\hat{q}$ と $\hat{m}$ を消去すると，q と m についての状態方程式が閉じた形で書ける．

$$q = \int Du \tanh^2 \beta G, \quad m = \int Du \tanh \beta G. \quad (5.4.15)$$

ここで，

$$G = J\sqrt{\frac{rq^{r-1}}{2}}\,u + j_0 r m^{r-1} \quad (5.4.16)$$

である．$r = 2$ とすると通常の SK 模型のレプリカ対称解の (2.3.4) 式および (2.3.6) 式に帰着する．ただし，本章で用いている分布関数の規格化の (5.4.3) 式で $r = 2$ とおいたとき，$2j_0$ が通常の SK 模型の J_0 に相当することに注意しなければならない．

5.4.4 重なりのパラメータ

次に，重なりのパラメータ M の表式を求めよう．2.2.5 節での議論と同様にして，q と m の物理的な意味を表す式が得られる．

$$q = \left[\langle\sigma_i^\alpha \sigma_i^\beta\rangle\right] = \left[\langle\sigma_i\rangle^2\right], \quad m = \left[\langle\sigma_i^\alpha\rangle\right] = \left[\langle\sigma_i\rangle\right]. \quad (5.4.17)$$

(5.4.17) 式と (5.4.15) 式を比べると，後者の被積分関数の $\tanh^2\beta(\cdot)$ や $\tanh\beta(\cdot)$ は前者の $\langle\sigma_i\rangle^2$ と $\langle\sigma_i\rangle$ にそれぞれ由来しているように見える．これを確かめるた

めに，(5.4.3) 式の最後の指数関数の肩に $h\sum_i \sigma_i^\alpha \sigma_i^\beta$ という項を付け加えて前節の計算をもう一度実行すると，(5.4.11) 式の積分の中の指数関数の肩に $h\sigma^\alpha\sigma^\beta$ が加わる．そこで，$-\beta nf$ を h で微分し，$n\to 0$, $h\to 0$ とすると，レプリカスピンの Tr の中で $\sigma^\alpha,\sigma^\beta$ が別扱いになり，そのために $\tanh^2\beta(\cdot)$ が出てくることがわかる．同様に外部磁場の項 $h\sum_i \sigma_i^\alpha$ を加えて微分すれば，$\tanh\beta(\cdot)$ が導かれる．

以上の議論を k 個のスピンの積に比例する外場 $h\sum_i \sigma_i^\alpha\sigma_i^\beta\cdots$ について繰り返すことにより

$$\left[\langle\sigma_i\rangle_\beta^k\right] = \int Du\,\tanh^k \beta G \tag{5.4.18}$$

が得られる．したがって，Taylor 展開可能な任意の関数 $F(x)$ について

$$\left[F(\langle\sigma_i\rangle_\beta)\right] = \int Du\, F(\tanh\beta G) \tag{5.4.19}$$

となる．重なりのパラメータは強磁性ゲージでは $M(\beta)=[\mathrm{sgn}\,\langle\sigma_i\rangle_\beta]$ であるから，$F(x)$ として $\mathrm{sgn}\,(x)$ に漸近する関数（例えば $\tanh(ax)$ で $a\to\infty$ としたもの）を取れば，重なりのパラメータの満たす方程式が得られる．

$$M(\beta) = \left[\mathrm{sgn}\,\langle\sigma_i\rangle_\beta\right] = \int Du\,\mathrm{sgn}\,G. \tag{5.4.20}$$

こうして，q と m がわかれば G を通じてこれらの関数として $M(\beta)$ が決定される．

5.5　レプリカ対称性の破れ

強磁性ゲージにおける系 (5.4.1), (5.4.2) は r 体相互作用をもつスピングラス模型である．低温での性質を正確に記述するには RSB 解を調べる必要がある．結論を先に述べると，分布の中心 j_0 が小さいときには，温度の低下とともにまず第 1 段階の RSB 相（1RSB）が出現し，その後さらに低温で完全な RSB 相に転移する．j_0 がある程度以上だと，温度の高い順に常磁性相，レプリカ対称な強磁性相，RSB の起きている強磁性相が出現する．

5.5.1　第1段階の RSB

3.2 節の計算法にしたがって，(5.4.9) 式において $q_{\alpha\beta}, \hat{q}_{\alpha\beta}$ に関して 1RSB を仮定して自由エネルギーを求めると

$$
\begin{aligned}
-\beta f =& -\hat{m}m + \frac{1}{2}x\hat{q}_0 q_0 + \frac{1}{2}(1-x)\hat{q}_1 q_1 + \beta j_0 m^r \\
& -\frac{1}{4}x\beta^2 J^2 q_0^r - \frac{1}{4}(1-x)\beta^2 J^2 q_1^r + \frac{1}{4}\beta^2 J^2 - \frac{1}{2}\hat{q}_1 \\
& +\frac{1}{x}\int Du \log \int Dv \cosh^x(\hat{m} + \sqrt{\hat{q}_0}\, u + \sqrt{\hat{q}_1 - \hat{q}_0}\, v) + \log 2
\end{aligned} \tag{5.5.1}
$$

が得られる．x は q_0 と q_1 を分けるブロック行列の区分点であり，$0 \leqq x \leqq 1$ を満たす．3.2 節の m_1 に相当している．(5.5.1) 式の $q_0, q_1, \hat{q}_0, \hat{q}_1, m, \hat{m}, x$ に関する変分を取ると状態方程式が導かれる．まず，m, q_0, q_1 については

$$
\hat{m} = \beta j_0 r m^{r-1}, \quad \hat{q}_0 = \frac{1}{2}\beta^2 J^2 r q_0^{r-1}, \quad \hat{q}_1 = \frac{1}{2}\beta^2 J^2 r q_1^{r-1}. \tag{5.5.2}
$$

次に，$\hat{q}_0, \hat{q}_1, \hat{m}$ について変分を取って導かれる式から (5.5.2) 式により $\hat{m}, \hat{q}_0, \hat{q}_1$ を消去すると

$$
m = \int Du \frac{\displaystyle\int Dv \cosh^x \beta G_1 \tanh \beta G_1}{\displaystyle\int Dv \cosh^x \beta G_1} \tag{5.5.3}
$$

$$
q_0 = \int Du \left(\frac{\displaystyle\int Dv \cosh^x \beta G_1 \tanh \beta G_1}{\displaystyle\int Dv \cosh^x \beta G_1} \right)^2 \tag{5.5.4}
$$

$$
q_1 = \int Du \frac{\displaystyle\int Dv \cosh^x \beta G_1 \tanh^2 \beta G_1}{\displaystyle\int Dv \cosh^x \beta G_1} \tag{5.5.5}
$$

$$
G_1 = J\sqrt{\frac{r q_0^{r-1}}{2}}\, u + J\sqrt{\frac{r}{2}(q_1^{r-1} - q_0^{r-1})}\, v + j_0 r m^{r-1} \tag{5.5.6}
$$

となる．$r=2$ とするとこれらの式は (3.2.10)-(3.2.12) 式と一致する（ただし $h=0,\ 2j_0=J_0$ とおく）．x に関する変分条件は，あまりわかりやすい形をしていないのでここでは省略する．

レプリカ対称解の安定性の条件は，AT 線の式 (3.1.41) の sech の引数に (5.4.16) 式の β 倍を入れたもので表される．1RSB 解の安定性も同様に議論できる．$(\alpha\beta)$ が同一の対角ブロック内にあるとき，$q_{\alpha\beta},\hat{q}_{\alpha\beta}$ が 1RSB からわずかにずれたときの安定性の条件は

$$\frac{2T^2 q_1^{2-r}}{r(r-1)} > J^2\int Du\frac{\int Dv\cosh^{x-4}\beta G_1}{\int Dv\cosh^{x}\beta G_1} \qquad (5.5.7)$$

になる．第 1 段階以上の RSB は対角ブロックの内側がさらに対角部分とそれ以外に分かれて起きるから，1RSB の安定性を見るには (5.5.7) 式で十分である．

5.5.2　ランダムエネルギー模型

$r\to\infty$ の模型は**ランダムエネルギー模型**（Random Energy Model - **REM**）として知られている．この極限では，問題は完全に解くことができて，スピングラス相は 1RSB で記述される．

まず，REM の名前の由来であるエネルギー分布の独立性を検証する．$j_0=0$ とする．系がエネルギー E を持つ確率を $P(E)$ とする．

$$P(E)=[\delta(E-H(\{\sigma\}))]. \qquad (5.5.8)$$

デルタ関数を Fourier 表現すると，$\{J_{ij}\}$ の分布 (5.4.2) 式についての平均 $[\cdots]$ は容易に実行できる．強磁性ゲージ $\xi_i=1$ であることに注意すると結果は

$$P(E)=\frac{1}{\sqrt{N\pi J^2}}\exp\left(-\frac{E^2}{J^2N}\right) \qquad (5.5.9)$$

である．さらに，同じ相互作用を持つ 2 つのスピン配位 $\{\sigma^{(1)}\},\{\sigma^{(2)}\}$ がエネルギー E_1,E_2 を持つ確率も同様にして求められる．

$$
\begin{aligned}
&P(E_1, E_2) \\
&\quad = \left[\delta(E_1 - H(\{\sigma^{(1)}\}))\delta(E_2 - H(\{\sigma^{(2)}\}))\right] \\
&\quad = \frac{1}{N\pi J^2\sqrt{(1+q^r)(1-q^r)}} \exp\left(-\frac{(E_1+E_2)^2}{2N(1+q^r)J^2} - \frac{(E_1-E_2)^2}{2N(1-q^r)J^2}\right) \\
&q = \frac{1}{N}\sum_i \sigma_i^{(1)}\sigma_i^{(2)}.
\end{aligned}
\tag{5.5.10}
$$

ここで $r \to \infty$ とすると

$$
P(E_1, E_2) \to P(E_1)P(E_2). \tag{5.5.11}
$$

すなわち，2 つのスピン配位のエネルギー分布は独立になる．一般に 3 つ以上のスピン配位についても同様のことが示せる．したがって，REM ではエネルギー分布が独立になっていることがわかった．

エネルギー E を持つ状態の数は，エネルギー準位の分布の独立性より

$$
n(E) = 2^N P(E) = \frac{1}{\sqrt{\pi N J^2}} \exp N\left\{\log 2 - \left(\frac{E}{NJ}\right)^2\right\}. \tag{5.5.12}
$$

したがって $|E| < NJ\sqrt{\log 2} \equiv E_0$ には非常に多数の準位があるが，それ以外では $N \to \infty$ では準位がない．$|E| < E_0$ でのエントロピーは

$$
S(E) = N\left[\log 2 - \left(\frac{E}{NJ}\right)^2\right] \tag{5.5.13}
$$

であるから，$dS/dE = 1/k_B T$ より

$$
E = -\frac{NJ^2}{2k_B T}. \tag{5.5.14}
$$

よって，自由エネルギーは

$$
f = \begin{cases} -k_B T \log 2 - \dfrac{J^2}{4k_B T} & (T > T_{\mathrm{c}}) \\ -J\sqrt{\log 2} & (T < T_{\mathrm{c}}) \end{cases} \tag{5.5.15}
$$

となる．ここで $k_B T_{\mathrm{c}}/J = (2\sqrt{\log 2})^{-1}$ である．(5.5.15) 式は，$T = T_{\mathrm{c}}$ で相転移が起こり，転移点以下では系は完全に凍結すること ($S = 0$) を意味している．

5.5.3　ランダムエネルギー模型のレプリカ解

レプリカ法で以上の結果を再現してみよう．再び $j_0 = 0$ とする．まず，高温側の常磁性相（P）ではレプリカ対称解でよいはずだから，(5.4.12) 式で $q = \hat{q} = m = \hat{m} = 0$ とおいて

$$f_P = -k_B T \log 2 - \frac{J^2}{4k_B T}. \tag{5.5.16}$$

これは (5.5.15) 式と一致している．

スピングラス相 (SG) では 1RSB 解を考える必要がある．1RSB 解が自明でない（レプリカ対称解と異なる）ためには $q_0 < q_1 \leqq 1$，$\hat{q}_0 < \hat{q}_1$ を満たすべきであるが，$q_1 < 1$ とすると (5.5.2) 式より $r \to \infty$ で $\hat{q}_0 = \hat{q}_1 = 0$ となってしまう．よって $q_1 = 1$，そして (5.5.2) 式より $\hat{q}_1 = \beta^2 J^2 r/2$ でなければならない．このとき (5.5.4) 式において $r \gg 1$ で $G = J\sqrt{r/2}v$ より，分子の v 積分は 0 になり $q_0 = 0$ が導かれる．よって (5.5.2) 式より $\hat{q}_0 = 0$ となる．これらを使って，自由エネルギー (5.5.1) は $r \to \infty$ の極限で

$$-\beta f = \frac{\beta^2 J^2}{4} x + \frac{1}{x} \log 2 \tag{5.5.17}$$

である．x についての変分より

$$(x\beta J)^2 = 4 \log 2. \tag{5.5.18}$$

この式を満たす温度のうちで一番高いものは，$x = 1$ のときの

$$\frac{k_B T_\mathrm{c}}{J} = \frac{1}{2\sqrt{\log 2}} \tag{5.5.19}$$

であり，したがって $T < T_\mathrm{c}$ で

$$f_{SG} = -J\sqrt{\log 2}. \tag{5.5.20}$$

これは (5.5.15) 式と一致する．それゆえ $T < T_\mathrm{c}$ では 1RSB が正しい解である．

(5.5.18) 式からわかるように $T < T_\mathrm{c}$ では $x < 1$，一般に $x = T/T_\mathrm{c}$ である．$q(x)$ は $x = T/T_\mathrm{c}$ 以上では $1(= q_1)$，x 以下では $0(= q_0)$ となる（図 5.5）．

j_0 がある程度以上大きいと強磁性相 (F) が出現する．$j_0 > 0$，$m > 0$ だと (5.5.4), (5.5.5), (5.5.3) 各式の $r \to \infty$ の極限での解は $q_0 = q_1 = m = 1$ であることは容易に確かめられる．よって強磁性相はレプリカ対称である．このとき，

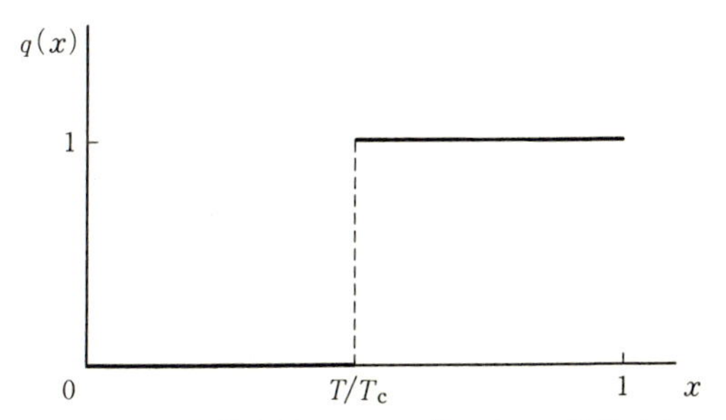

図 5.5　REM の転移点以下でのスピングラス秩序パラメータ

(5.4.12) 式より自由エネルギーは

$$f_F = -j_0 \tag{5.5.21}$$

が導かれる．以上の 3 つの相の自由エネルギーより，相境界が求められる．

（1）　P-SG 転移：$f_P = f_{SG}$ より $k_BT_c/J = (2\sqrt{\log 2})^{-1}$

（2）　SG-F 転移：$f_F = f_{SG}$ より $(j_0)_c/J = \sqrt{\log 2}$

（3）　P-F 転移：$f_F = f_P$ より $j_0 = J^2/(4k_BT) + k_BT \log 2$

これら 3 つの境界線を総合して図 5.6 のような相図が得られる．

強磁性相（$j_0/J > \sqrt{\log 2}$）ではスピンが完全に揃っている（$m = 1$）ので，重なりのパラメータ M も 1 である．これは完全な誤りの訂正が可能であるこ

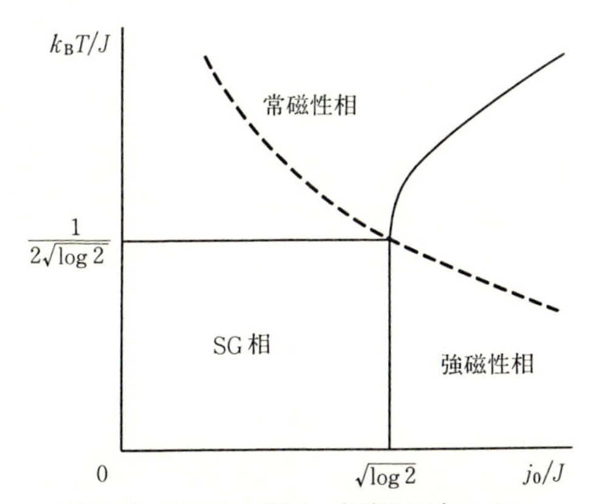

図 5.6　REM の相図．点線は西森ライン．

とを意味する．Shannon の限界 (5.1.3) との関連を調べるために，Sourlas の符号の情報伝送速度を求めてみると，明らかに

$$R = \frac{N}{{}_N C_r} \tag{5.5.22}$$

である．一方，Gauss 通信路の容量は

$$C = \frac{1}{2}\log_2\left(1 + \frac{J_0^2}{J^2}\right) \tag{5.5.23}$$

であることがわかっている．(5.4.2) 式より $J_0 = j_0 r!/N^{r-1}, J^2 \to J^2 r!/2N^{r-1}$ であるから，これを代入して r を固定したまま $N \gg 1$ とすると

$$C \approx \frac{j_0^2 r!}{J^2 N^{r-1} \log 2} \tag{5.5.24}$$

が得られる．一方，伝送速度 (5.5.22) は同じ極限で

$$R \approx \frac{r!}{N^{r-1}} \tag{5.5.25}$$

であるから，ランダムエネルギー模型での強磁性相の存在下限 $j_0/J = \sqrt{\log 2}$ において伝送速度 R と通信路容量 C は一致する．j_0 は信号の強さ，J は通信路の雑音の強さだから，j_0/J は S/N 比を表す．よって，ランダムエネルギー模型に相当する $r \to \infty$ の Sourlas 符号では S/N 比が一定の限界以上のときには完全復号が可能であり，しかも S/N 比の限界値においては Shannon の限界が達成される．

一般的に成立する不等式 (5.3.3) は確かに満たされている．$j_0 < (j_0)_c$ では両辺とも 0 である．$j_0 > (j_0)_c$ では右辺は 1，左辺は常磁性相では 0，強磁性相では 1 である．したがって $r \to \infty$ の Sourlas の符号では MAP でも有限温度復号でも同様に完全復号化が可能である．ただし，情報伝送速度 R は限りなく 0 に近くなるから実用上は有用ではない．

なお，本節では Gauss 模型を扱っているから西森ラインは 4.3.3 節で述べたように $J_0/J^2 = \beta$ である．この関係式は今の場合 $k_B T/J = J/(2j_0)$ であり，P，SG，F 相が共存する 3 重点 ($j_0/J = \sqrt{\log 2}$，$k_B T/J = 1/2\sqrt{\log 2}$) を通る．ゲージ理論から導出される西森ライン上の厳密なエネルギー値は $E = -j_0$ であるが，これは上記 (5.5.21) 式と一致している．ただしエントロピーがないから

自由エネルギーとエネルギーが同じであることに注意する．

5.5.4　$r = 3$ の状態方程式の解

一般の r については，状態方程式は数値的に解く必要がある．$r = 3$ の例を示そう．まず j_0 が 0 付近では，1RSB のスピングラス解 $q_1 > 0$，$q_0 = m = 0$ が $k_B T = 0.651J$ で出現する．さらに温度が下がると $k_B T = 0.240J$ で 1RSB の安定性の条件 (5.5.7) 式が破れ，完全な RSB 解に移行する．

強磁性相は，高温側ではレプリカ対称解 (5.4.15) で記述されるが，AT 線 (3.1.41) 以下では RSB が起きて M 相に移行する．強磁性相は，レプリカ対称解，RSB 解ともに完全な平衡状態として存在する領域を少し越えたところでも，

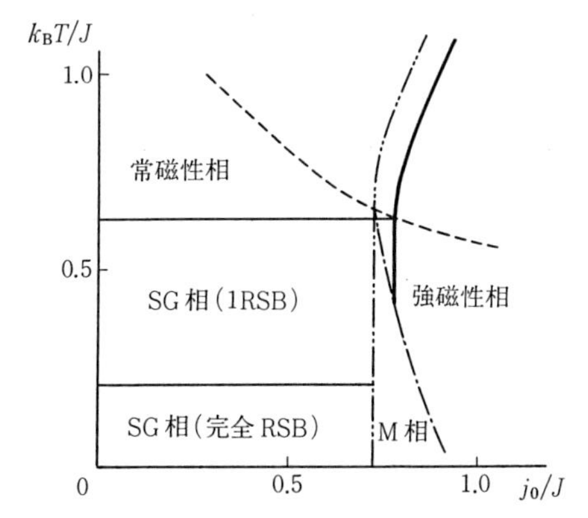

図 5.7　$r = 3$ の相図．2 点鎖線は混合（M）相を含む強磁性相の準安定限界である．これより右側で復号が可能である．低温での境界線は確定されてない．破線は西森ライン．

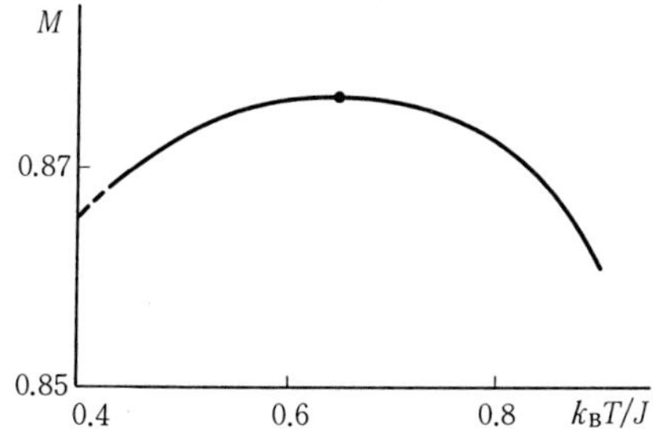

図 5.8　$r = 3$，$j_0 = 0.77$ での重なりのパラメータ

準安定状態として（つまり自由エネルギーの極小状態として）存在する．まとめると図 5.7 のような相図が得られる．

$M(\beta)$ の $T(=1/\beta)$ 依存性を見てみよう．j_0/J を強磁性相の存在の限界に近い 0.77 に固定したときの $M(\beta)$ が図 5.8 である．j_0/J は通信路の S/N 比だから j_0/J が小さいということは，雑音が大きい場合に相当している．

$M(\beta)$ は，西森ラインに相当する (5.3.6) 式右辺の最適条件 $k_BT/J = J/2j_0 = 0.649$ のときに最大値を取っている（黒い点）．k_BT/J が 0.95 を超えると強磁性相が準安定状態としても存在しなくなり，$M=0$ に 1 次転移する．常磁性相では各サイトで $\langle\sigma_i\rangle_\beta = 0$ だから，$\mathrm{sgn}\langle\sigma_i\rangle_\beta$ が定義できず，復号化はできないのである．一方，k_BT/J が 0.43 より小さいと RSB が起きる（破線部分）．

こうして，有限温度復号において温度を西森ラインに相当する最適温度にどのぐらい精密に調整すれば復号結果が元の情報とよく一致するかが，具体例によって明らかになった．

画像修復

雑音で乱れた不完全な画像が与えられたとき原画像を推定する問題は，前章で論じた誤り訂正符号と似た形式で書くことができる．Bayes の公式を用いた定式化によりランダムスピン系の問題に帰着し，統計力学による解析を行うことが可能になるのである．誤り訂正符号のときと同様に有限温度の画像修復が，MAP に比べてピクセルごとの修復率の最大化という基準において優れていることがわかる．

6.1 確率論を用いた画像修復

雑音によって乱れた画像から雑音を取り除いて元の画像を推定したいとしよう．単純に考えると，どの部分が雑音でどの部分が乱されてない元の状態かを判断するのは非常に難しいように思われる．そこで，画像修復への確率論的アプローチでは画像に関する私たちの一般的な知識(先験知識)を活用して，できるだけもっともらしい推定を行うことになる．Bayes の公式がここでも重要な足がかりになる．

6.1.1 劣化 2 値画像と Bayes 推定

確率論を用いて画像修復の問題を定式化するために，まず一番簡単な場合として原画像が白黒の 2 値で，Ising スピンの組 $\{\xi_i\}$ で表されるとしよう．i はスピン系で言えば格子点，画像では**ピクセル**(pixel)(画素)の番号である．画像が何らかの原因(雑音)で乱され，画像を受け取る側ではピクセル i の状態 τ_i は確率 p で元の状態 ξ_i と逆になっているとする．この確率は

$$P_{\rm out}(\tau_i|\xi_i) = \frac{\exp\ (\beta_p \tau_i \xi_i)}{2\cosh\beta_p} \tag{6.1.1}$$

と書ける．β_p は (5.2.3) 式と同じ p の関数である．各ピクセルごとに独立に雑音が作用するとすると，全体では

$$P_{\rm out}(\{\tau\}|\{\xi\}) = \frac{1}{(2\cosh\beta_p)^N}\exp\left(\beta_p \sum_i \tau_i \xi_i\right) \tag{6.1.2}$$

となる．N はピクセル数である．

与えられた**劣化画像**（degraded image）（乱れた画像）$\{\tau_i\}$ から**原画像**（original image）$\{\xi_i\}$ を推定するために，Bayes の公式 (5.2.6) を使って，条件付き確率の $\{\tau_i\}$ と $\{\xi_i\}$ を入れ替える．推定結果（**修復画像**（restored image））を原画像 $\{\xi_i\}$ と区別して $\{\sigma_i\}$ と書くことにすれば，求める事後確率は

$$P(\{\sigma\}|\{\tau\}) = \frac{\exp\left(\beta_p \sum_i \tau_i \sigma_i\right) P_s(\{\sigma\})}{{\rm Tr}_\sigma \exp\left(\beta_p \sum_i \tau_i \sigma_i\right) P_s(\{\sigma\})} \tag{6.1.3}$$

である．ここで，$P_s(\{\sigma\})$ は原画像の生成確率（事前分布）である．

一般に，原画像がどうやって作られたかを表す $P_s(\{\sigma\})$ は画像の修復者には未知である．しかし (6.1.3) 式は，与えられた劣化画像 $\{\tau_i\}$ 以外にも $P_s(\{\sigma\})$ についての知識がないと画像修復ができないことを示している．そこで，$P_s(\{\sigma\})$ そのものは正確にはわからなくても，画像一般についての私たちの知識を表現するモデル事前分布 $P_m(\{\sigma\})$ を $P_s(\{\sigma\})$ の代わりに使うことになる．

2 値画像で，白の背景の中に孤立した黒のピクセルがあるとすると，それは元々の画像にあった黒の点であるというより，雑音によって白が乱されて生じた可能性が強い．そこで，隣り合うピクセル対は，違う状態であるよりも同じ状態になる確率のほうが高いと考えて，次のような確率分布を事前分布に対するモデルとして導入しよう．

$$P_m(\{\sigma\}) = \frac{\exp\left(\beta_m \sum_{\langle ij\rangle} \sigma_i \sigma_j\right)}{Z(\beta_m)}. \tag{6.1.4}$$

$\langle ij\rangle$ についての和は，隣接ピクセル対について取る．$Z(\beta_m)$ は規格化因子であり，温度 $T_m = 1/\beta_m$ における強磁性的 Ising 模型の分配関数である．(6.1.4) 式は，画像は一般にあまり急激な変化に富んでいないというわれわれの知識を

表現している．β_m はなめらかさを制御するパラメータである．β_m が大きいほど，隣り同士の状態が同じである確率が高くなる．

6.1.2 MAP と有限温度修復

モデル事前分布 (6.1.4) を Bayes の式 (6.1.3) に代入すると，事後分布が具体的に

$$P(\{\sigma\}|\{\tau\}) = \frac{\exp\left(\beta_p \sum_i \tau_i\sigma_i + \beta_m \sum_{\langle ij\rangle} \sigma_i\sigma_j\right)}{\mathrm{Tr}_\sigma \exp\left(\beta_p \sum_i \tau_i\sigma_i + \beta_m \sum_{\langle ij\rangle} \sigma_i\sigma_j\right)} \tag{6.1.5}$$

と求められる．これは，強磁性的相互作用を持つ Ising 模型にランダムな磁場がかかったスピン系の Boltzmann 因子である．こうして，画像修復の問題は，ランダム磁場 Ising 模型の統計力学に帰着された．

MAP の考え方にしたがえば，(6.1.5) 式を最大化する $\{\sigma_i\}$ が修復画像になる．基底状態探索である．一方，ピクセルごとの誤りの確率を最小化するには 5.2.3 節と同様に考えて，有限温度での期待値を用いた $\mathrm{sgn}\,\langle\sigma_i\rangle$ を採用すればよいことになる．

現実世界の画像（自然画像）が劣化したものの修復を行うには，劣化画像 $\{\tau_i\}$ が与えられたとき事後分布 (6.1.5) に基づいて MAP や有限温度修復の手続きを実行する．さらに，通常は 2 値画像ではなく多値画像を扱うので 6.4 節で導入する Potts 模型などを用いる．

6.1.3 重なりのパラメータ

(6.1.5) 式に出てくる β_p は画像の乱れの強さを表すパラメータである．与えられた画像が原画像に比べてどのくらい乱れているのかは修復する者にはあらかじめわからないから，β_p を一般の変数 h で置き換えて以後の議論を展開する．さらに，具体的な理論計算を実行するために，原画像が強磁性的 Ising 模型の Boltzmann 因子にしたがって生成されている例について考察を進めることにする[*1]．

---

*1 理論計算よりも実際の自然画像の修復手順に興味のある読者は，6.4 節に進んでよい．

$$P_s(\{\xi\}) = \frac{\exp\left(\beta_s \sum_{\langle ij\rangle} \xi_i\xi_j\right)}{Z(\beta_s)}. \tag{6.1.6}$$

β_s は原画像生成の温度 T_s の逆数である．

さて，これらの準備のもとで原画像 $\{\xi_i\}$ と修復画像 $\{\sigma_i\}$ の重なりの平均値を，(5.3.1) 式と同様に定義する．

$$\begin{aligned} M(\beta_m, h) &= \mathrm{Tr}_\xi \mathrm{Tr}_\tau P_s(\{\xi\}) P_{\mathrm{out}}(\{\tau\}|\{\xi\})\, \xi_i \,\mathrm{sgn}\,\langle\sigma_i\rangle \\ &= \frac{1}{(2\cosh\beta_p)^N Z(\beta_s)} \\ &\quad \times \mathrm{Tr}_\xi \mathrm{Tr}_\tau \exp\left(\beta_s \sum_{\langle ij\rangle} \xi_i\xi_j + \beta_p \sum_i \tau_i\xi_i\right) \xi_i \,\mathrm{sgn}\,\langle\sigma_i\rangle. \end{aligned} \tag{6.1.7}$$

ここで $\langle\sigma_i\rangle$ は，(6.1.5) 式で β_p を h で置き換えた Boltzmann 因子による平均である．M の β_m, h 依存性はすべて $\mathrm{sgn}\,\langle\sigma_i\rangle$ の中にある．重なりのパラメータ $M(\beta_m, h)$ は，β_m, h が正しい値 β_s, β_p のとき最大値を取る．

$$M(\beta_m, h) \leqq M(\beta_s, \beta_p). \tag{6.1.8}$$

証明は 5.3.2 節と同じであるから省略する．

不等式 (6.1.8) は，確率分布 (6.1.6) で生成される人工的な原画像について導かれた．自然画像でも，ピクセルごとの類似度（重なり）の平均値を最大にするという意味での最適修復は，β_m や h が有限の値において達成されることが多いものと思われる．

なお，画像の乱れが 2 値的（ピクセル値の単純な反転）である場合 (6.1.2) をこれまで取り扱ってきたが，Gauss 的な乱れ

$$P_{\mathrm{out}}(\{\tau\}|\{\xi\}) = \frac{1}{(\sqrt{2\pi}\tau)^N} \exp\left\{-\sum_i \frac{(\tau_i - \tau_0\xi_i)^2}{2\tau^2}\right\} \tag{6.1.9}$$

でも同様の議論が展開できる．最適修復条件を表す不等式は，(6.1.8) 式に対応して次の形になる．

$$M(\beta_m, h) \leqq M\left(\beta_s, \frac{\tau_0}{\tau^2}\right). \tag{6.1.10}$$

6.2 無限レンジ模型

不等式 (6.1.8) で重なりが最大になる β_m と h の値 (β_s および β_p) は修復者にはわからないから，何らかの方法で推定しなければならない．そして，最適条件 $\beta_m = \beta_s$，$h = \beta_p$ をできるだけ正確に実現して，ピクセルごとの誤りの平均値を小さくし，重なり M を大きくしたい．そこで，$M(\beta_m, h)$ が $\beta_m = \beta_s$，$h = \beta_p$ 付近でどのようなふるまいをするかが問題になる．無限レンジ模型が，この点を解明するためのひとつのプロトタイプになる．無限レンジ模型で重なり $M(\beta_m, h)$ を計算してみよう．

6.2.1 レプリカ計算

次のような事前分布 (実際の事前分布とモデル事前分布) を持つ無限レンジ模型を考察する．

$$P_s(\{\xi\}) = \frac{\exp\left(\dfrac{\beta_s}{2N}\sum_{i\neq j}\xi_i\xi_j\right)}{Z(\beta_s)}, \quad P_m(\{\sigma\}) = \frac{\exp\left(\dfrac{\beta_m}{2N}\sum_{i\neq j}\sigma_i\sigma_j\right)}{Z(\beta_m)}. \tag{6.2.1}$$

すべてのピクセルが互いに隣接点になっている人為的な模型であるから，具体的に与えられた個々の 2 次元画像の修復作業には直接役立たない．しかし，重なり M のような系全体を記述するマクロな変数の性質を定性的に理解する目的には有用である．

画像の乱れが Gauss 分布 (6.1.9) のとき，レプリカ法で重なり $M(\beta_m, h)$ が求められる．そのために，まず分配関数の n 乗の配位平均を求める．

$$\begin{aligned}[Z^n] = &\int \prod_i d\tau_i \frac{1}{(\sqrt{2\pi}\tau)^N}\exp\left(-\frac{1}{2\tau^2}\sum_i(\tau_i^2+\tau_0^2)\right)\\ &\times \mathrm{Tr}_\xi \frac{\exp\left(\dfrac{\beta_s}{2N}\sum_{i\neq j}\xi_i\xi_j + \dfrac{\tau_0}{\tau^2}\sum_i \tau_i\xi_i\right)}{Z(\beta_s)}\\ &\times \mathrm{Tr}_\sigma \exp\left(\frac{\beta_m}{2N}\sum_{i\neq j}\sum_\alpha \sigma_i^\alpha\sigma_j^\alpha + h\sum_i\sum_\alpha \tau_i\sigma_i^\alpha\right)\end{aligned}$$

$$
\begin{aligned}
&= \frac{1}{Z(\beta_s)(\sqrt{2\pi}\tau)^N}\int\prod_i d\tau_i\,\exp\left(-\frac{1}{2\tau^2}\sum_i(\tau_i^2+\tau_0^2)\right)\\
&\quad\times\left(\frac{N\beta_s}{2\pi}\right)^{1/2}\left(\frac{N\beta_m}{2\pi}\right)^{n/2}\int dm_0\int\prod_\alpha dm_\alpha\,\mathrm{Tr}_\xi\mathrm{Tr}_\sigma\exp\left\{-\frac{N\beta_s m_0^2}{2}\right.\\
&\quad-\frac{\beta_s}{2}-\frac{n\beta_m}{2}+\beta_s m_0\sum_i\xi_i-\frac{N\beta_m}{2}\sum_\alpha m_\alpha^2\\
&\quad\left.+\beta_m\sum_\alpha m_\alpha\sum_i\sigma_i^\alpha+\sum_i\left(\frac{\tau_0}{\tau^2}\xi_i+h\sum_\alpha\sigma_i^\alpha\right)\tau_i\right\}\\
&\propto\frac{1}{Z(\beta_s)}\int dm_0\int\prod_\alpha dm_\alpha\exp N\left\{-\frac{\beta_s m_0^2}{2}-\frac{\beta_m}{2}\sum_\alpha m_\alpha^2\right.\\
&\quad+\log\mathrm{Tr}\int Du\exp\left(\beta_s m_0\xi+\beta_m\sum_\alpha m_\alpha\sigma^\alpha+\tau_0 h\xi\sum_\alpha\sigma^\alpha\right.\\
&\quad\left.\left.+h\tau u\sum_\alpha\sigma^\alpha\right)\right\}. \qquad (6.2.2)
\end{aligned}
$$

Tr は σ^α,ξ についての和を表す．$[Z^n]=\exp(-\beta_m nNf)$ とおき，レプリカ対称性を仮定して鞍点法により $-\beta_m nf$ を n の 1 次まで求めると，

$$
\begin{aligned}
-\beta_m nf &= -\frac{1}{2}\beta_s m_0^2+\log 2\cosh\beta_s m_0-\frac{1}{2}n\beta_m m^2\\
&\quad+n\frac{\mathrm{Tr}_\xi\int Du\,e^{\beta_s m_0\xi}\log 2\cosh\,(\beta_m m+\tau_0 h\xi+\tau hu)}{2\cosh\beta_s m_0}. \qquad (6.2.3)
\end{aligned}
$$

Tr_ξ は $\xi=\pm1$ の和を表す．

n の各オーダーで変分を取ることにより，秩序パラメータの満たすべき状態方程式が出る．まず，n に依存しない項から

$$
m_0=\tanh\beta_s m_0. \qquad (6.2.4)
$$

これは，原画像での強磁性的秩序パラメータ $[\xi_i]$ である．原画像の性質が劣化画像や修復画像から影響を受けることはないから，m_0 がそれ自体で閉じた方程式を満たしているのは自然なことである．

次に，n の 1 次項より

$$
m=\frac{\mathrm{Tr}_\xi\int Du\,e^{\beta_s m_0\xi}\tanh\,(\beta_m m+\tau_0 h\xi+\tau hu)}{2\cosh\beta_s m_0} \qquad (6.2.5)
$$

が得られる．これは修復画像の強磁性的秩序パラメータ $[\langle\sigma_i\rangle]$ である．重なり

のパラメータ M は，5.4.4 節と同様の議論により，(6.2.5) の $\tanh(\cdot)$ を $\xi\,\mathrm{sgn}(\cdot)$ で置き換えて得られる*2．

$$M = \frac{\mathrm{Tr}_\xi \int Du\, e^{\beta_s m_0 \xi} \xi\, \mathrm{sgn}\,(\beta_m m + \tau_0 h \xi + \tau h u)}{2\cosh \beta_s m_0}. \tag{6.2.6}$$

原画像の情報 (6.2.4) を使って修復画像の秩序パラメータ (6.2.5) を求め，これらの関数として重なりのパラメータ (6.2.6) が決まるのである．

6.2.2 重なりの温度依存性

前節で求めた m_0, m, M の式 (6.2.4), (6.2.5), (6.2.6) を数値的に解いて，M の温度依存性を調べよう．β_m と h の比を (6.1.10) 式から決まる最適値 $\beta_s/(\tau_0/\tau^2)$ に固定して β_m と h を変化させて，M を $T_m = 1/\beta_m$ の関数として描いたのが図 6.1 である．$T_s = 0.9$, $\tau_0 = \tau = 1$ とした．

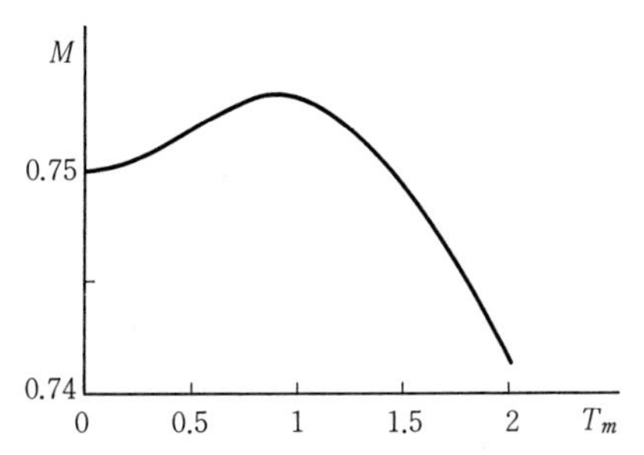

図 6.1 修復温度の関数としての重なりのパラメータ

当然ながら最適のパラメータ $T_m = 0.9 (= T_s)$ で最大になっている．MAP は $T_m \to 0$ に相当し，重なりは最適値より小さい．したがって，重なり M を最大にするような画像修復をあとで述べるようなアニーリング（平均場アニーリングやシミュレーテッド・アニーリング）を行う際，温度を絶対零度まで下げるとかえってよくない結果になる．

*2 今の場合，強磁性ゲージでないから ξ が残ることに注意する．画像の問題では，事前分布は一様ではないから強磁性ゲージは使えない．

6.3　シミュレーション

無限レンジ模型の結果は2次元の画像修復の問題における重なり M の性質を定性的には記述するものと思われるが，定量的な議論は困難である．そこで，2次元画像につきシミュレーションを行い，無限レンジ模型との比較検討を行う．

図6.2は 400×400 ピクセルの2値画像をIsing模型の事前分布(6.2.1)($T_s = 2.15$)で生成させてから $p = 0.1$ の確率で2値の乱れを入れ，有限温度修復を行ったときの重なり M である．不等式(6.1.8)によれば，修復温度 T_m がもとの生成温度 $T_s = 2.15$ と等しいときに M は最大値を取る．統計的誤差の範囲内で確かにそうなっている．なお，h は，β_m と h の比が最適値 β_s/β_p になるように β_m とともに変化させている．

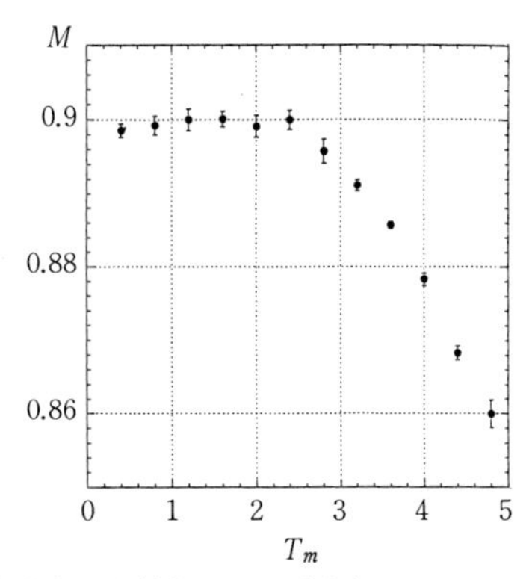

図 6.2　修復温度の関数としての重なりのパラメータ(2次元系)

無限レンジ模型の場合の図6.1と比べて，最適のパラメータから T_m が下にずれたとき，M の変化(低下)が少ない．ただし，この傾向は T_s や p などの値の影響を受けるだろうから，どのくらい一般的かは必ずしも明らかでない．

実際の画像を見てみよう．図6.3は図6.2の状況に対応している．(a)は原画像($T_s = 2.15$)，(b)は劣化画像($p = 0.1$)，(c)は低温での修復画像($T_m = 0.5$)，(d)は最適パラメータでの修復画像である($T_m = 2.15$)．明らかに，(c)より(d)が原画像を忠実に再現している．MAPは $T_m = 0$ であり，細かな構造が(c)より

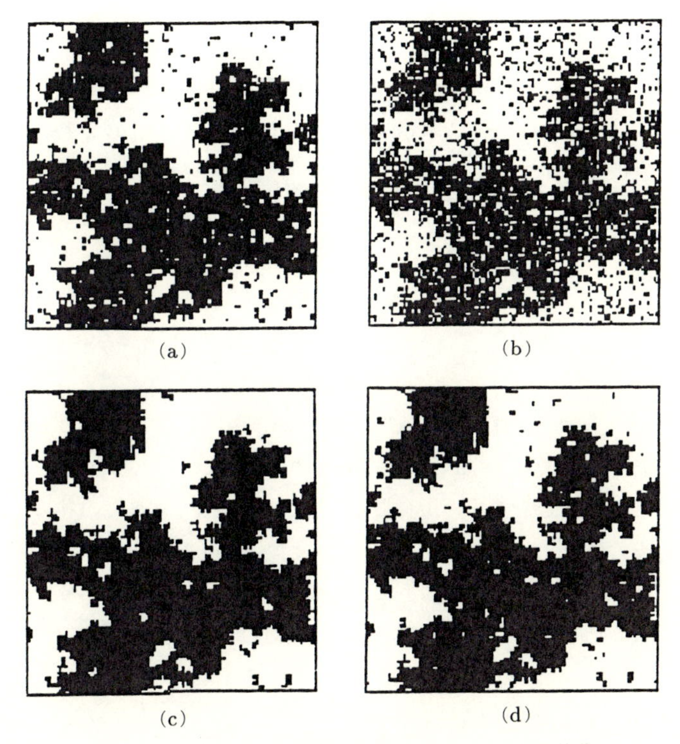

(a) (b)

(c) (d)

図 **6.3** 2次元 Ising 模型で生成されるパターンの修復

さらに抑制されているものと思われる．こうして，少なくとも強磁性的な Ising 模型の事前分布 (6.2.1) に関する限り，2 次元画像でも有限温度修復が MAP より見た目にもよい結果を与えることが示された．

6.4 平均場アニーリング

MAP にしても有限温度推定にしても，必要なスピン配位をシミュレーションなどを用いて求めるのに要する数値的な計算量は膨大である．そこで，実際の画像修復の場面においては平均場近似を援用して高速に最適解を探索する方法(**平均場アニーリング**(mean-field annealing))がしばしば使われる．

6.4.1　平均場近似

これまでは Ising 模型を使って 2 値画像を取り扱ってきたが，より現実的な多値画像に拡張するために Potts 模型で定式化する．(6.1.5) 式を Potts 模型に拡張して事後分布を

$$P(\{\sigma\}|\{\tau\}) = \frac{\exp\left(-\beta_p H(\{\sigma\}|\{\tau\})\right)}{Z_{MF}} \tag{6.4.1}$$

$$H(\{\sigma\}|\{\tau\}) = -\sum_i \delta(\sigma_i, \tau_i) - J\sum_{\langle ij\rangle} \delta(\sigma_i, \sigma_j) \tag{6.4.2}$$

$$Z_{MF} = \mathrm{Tr}_\sigma \exp\left(-\beta_p H(\{\sigma\}|\{\tau\}\right) \tag{6.4.3}$$

とする．$\{\tau_i\}, \{\sigma_i\}$ はそれぞれ，劣化画像と修復画像を表す Q 状態 Potts スピンである ($\tau_i, \sigma_i = 0, 1, \cdots, Q-1$)．$Q = 2$ が Ising スピンに対応する．MAP では (6.4.2) 式の基底状態を求め，有限温度推定では適切な温度での各スピンの熱平均値を求める．

直接 (6.4.1) 式を計算する代わりに，平均場近似の考え方に沿って，各サイトを独立に扱うため特定のサイトにのみ着目した分布（周辺確率分布）

$$\rho_i(n) = \mathrm{Tr}_\sigma P(\{\sigma\}|\{\tau\})\delta(n, \sigma_i) \tag{6.4.4}$$

の積で $P(\{\sigma\}|\{\tau\})$ を近似する．

$$P(\{\sigma\}|\{\tau\}) \approx \prod_i \rho_i(\sigma_i). \tag{6.4.5}$$

そして，ρ_i について閉じた関係式を求めるために自由エネルギー

$$F = \mathrm{Tr}_\sigma\{H(\{\sigma\}|\{\tau\}) + T_p \log P(\{\sigma\}|\{\tau\})\}P(\{\sigma\}|\{\tau\}) \tag{6.4.6}$$

に平均場近似 (6.4.5) を代入し，規格化条件

$$\mathrm{Tr}_\sigma \prod_i \rho_i(\sigma_i) = 1 \tag{6.4.7}$$

の元に (6.4.6) 式を ρ_i に関して最小化する．すると簡単な計算により，ρ_i に関する方程式が次のように求まる．

$$\rho_i(\sigma) = \frac{\exp\left(-\beta_p H_i^{MF}(\sigma)\right)}{\sum_{n=0}^{Q-1} \exp\left(-\beta_p H_i^{MF}(n)\right)} \tag{6.4.8}$$

$$H_i^{MF}(n) = -\delta(n, \tau_i) - J \sum_{n.n. \in i} \rho_j(n). \tag{6.4.9}$$

ここで，$H_i^{MF}(n)$ の定義 (6.4.9) の右辺第 2 項の和はサイト i の最近接格子点について取る．

6.4.2 アニーリング

(6.4.8) 式では，パラメータ β_p および J が与えられていれば反復法により比較的容易に数値解が求められる．実際には，関数 ρ_i そのものではなく，関数を完全直交多項式系

$$\sum_{\sigma=0}^{Q-1} \Phi_l(\sigma)\Phi_{l'}(\sigma) = \delta(l, l') \tag{6.4.10}$$

で展開した展開係数 $\{m_i^{(l)}\}$

$$\rho_i(\sigma) = \sum_{l=0}^{Q-1} m_i^{(l)} \Phi_l(\sigma) \tag{6.4.11}$$

についての反復を行う．完全直交多項式系の例としては，次式で定義される離散型 Tchebycheff 多項式がある．

$$\begin{aligned}
&\Psi_0(\sigma) = 1, \ \ \Psi_1(\sigma) = 1 - \frac{2}{Q-1}\sigma \\
&(l+1)(Q-1-l)\Psi_{l+1}(\sigma) = -(2\sigma - Q + 1)(2l+1)\Psi_l(\sigma) - l(Q+l)\Psi_{l-1}(\sigma) \\
&\Phi_l(\sigma) = \frac{\Psi_l(\sigma)}{\sqrt{\sum_{\sigma=0}^{Q-1} \Psi_l(\sigma)^2}}.
\end{aligned} \tag{6.4.12}$$

(6.4.8) 式の両辺に $\Phi_l(\sigma)$ をかけて σ について和を取ると，(6.4.10), (6.4.11) 両式により

$$m_i^{(l)} = \frac{\mathrm{Tr}_\sigma \Phi_l(\sigma) \exp\left\{\beta_p \delta(\sigma, \tau_i) + \beta_p J \sum_{n.n. \in i} \sum_{l'} m_j^{(l')} \Phi_{l'}(\sigma)\right\}}{Z_{MF}} \tag{6.4.13}$$

が得られる．Z_{MF} は (6.4.8) 式の分母である．これにより，係数の組 $\{m_i^{(l)}\}$ が反復法で計算できる．β_p や J の正しい値は実際には分かっていない場合が多いから，次節で述べるような方法で推定して計算を実行する．

MAP で $\beta_p \to \infty$ の場合を調べるにしても有限温度で扱うにしても，(6.4.13) 式の解を正しく求めるには，十分高温（$\beta_p \approx 0$）から出発してゆっくり温度を下げながら目標の温度に持っていく必要がある．徐冷（**アニーリング**（annealing））である．以上の方法を平均場アニーリングと呼ぶ．

6.5 パラメータ推定

事後分布 (6.4.1) に基づいて画像修復をする際，パラメータ β_p, J がわかっていないと計算が実行できない．しかし現実には劣化画像のみが与えられており，劣化過程を特徴づける β_p や原画像の性質を表す J はわかっていない場合が多い．したがって，これらのパラメータ（**ハイパーパラメータ**（hyperparameter））も何らかの方法で推定する必要がある．

このためには，例えば次のような手続きを考えるとよい．与えられた劣化画像 $\{\tau_i\}$ が生成される確率を，原画像に関して周辺化する（すなわち原画像の情報について和を取ってしまう）．

$$P(\{\tau\}|\beta_p, J) = \mathrm{Tr}_\xi P_{\mathrm{out}}(\{\tau\}|\{\xi\}, \beta_p) P_m(\{\xi\}, J). \qquad (6.5.1)$$

β_p と J が与えられた上での劣化画像 $\{\tau_i\}$ という意味で上式左辺の記号を使った．$\{\tau_i\}$ はわかっているのだから，(6.5.1) 式（周辺尤度関数）を最大化するようなパラメータ β_p および J を推定値とするのである．現実には，(6.5.1) 式に出てくる和は一種の分配関数の計算であり，膨大な計算量が必要となる．シミュレーションや平均場近似を援用する必要がある．

パラメータ推定の別の方法として，(6.5.1) 式で $\{\xi_i\}$ についての和は取らずに，まず $P_{\mathrm{out}}(\{\tau\}|\{\sigma\}, \beta_p) P_m(\{\sigma\}, J)$ を最大化する $\{\sigma_i\}$ を β_p, J の関数として求めてみる．これを $\{\hat{\sigma}(\beta_p, J)\}$ とし，こんどは積

$$P_{\mathrm{out}}(\{\tau\}|\{\hat{\sigma}(\beta_p, J)\}, \beta_p) P_m(\{\hat{\sigma}(\beta_p, J)\}, J)$$

を β_p, J の関数として最大化する β_p, J を推定値とするのである．**最尤推定**（maximum likelihood estimation）と呼ばれる．

パラメータの扱いに関しては，次のような少し違った見方もできる．多値画像である原画像の情報として，異なる階調値を持つ最近接ピクセル対の数 L があらかじめわかっていると仮定する．

$$L = \sum_{\langle ij \rangle} \left\{ 1 - \delta(\xi_i, \xi_j) \right\}. \tag{6.5.2}$$

この拘束条件の下で，劣化画像に一番近いものを修復画像とするのである．拘束条件を Lagrange 未定乗数法で取り入れると，これは

$$H = -\sum_i \delta(\sigma_i, \tau_i) - J\{L - \sum_{\langle ij \rangle} (1 - \delta(\sigma_i, \sigma_j))\}$$

(a)

(b)

(c)

図 6.4 Potts 模型による 256 値の画像修復例．(a) 原画像，(b) 劣化画像，(c) 修復画像．田中和之氏提供．

の基底状態探索の問題になる．こうして，ランダム磁場下の Potts 模型 (6.4.2) が自然に導かれた．パラメータ J は解が拘束条件 (6.5.2) を満たすように選ばれる．拘束条件の方法で得られた 256 値画像の修復例を図 6.4 に示す*3．

---

*3　正確に言えば，この図は 256 値の劣化画像を 8 値に粗視化してから拘束条件の方法と平均場アニーリングで最適解を求め，それを初期条件にしてさらに条件付き最大化法という手法で 256 階調の最適解を出したものである．

連想記憶

脳の機能を理解し，さらに新しい情報処理装置の原理を開発しようという努力に端を発したニューラルネットワーク（神経回路網）の研究は大きな広がりを見せている．スピングラスの理論を中心とする統計力学の手法がこの分野にも応用され，数多くの重要な知見が得られている．本章では，ニューラルネットワークについての初歩的な知識を整理した後で，ニューロン間の結合が与えられているときにネットワークがどういう特性を持つかを調べていく．そして次の章で，結合が変化するときにその変化に応じてネットワークの性質がどう発展していくかという学習の問題を検討する．

7.1 連想記憶

入力があると自律的に時間発展をしていって，入力の種類に応じた内部状態に行き着く**連想記憶**（associative memory）はニューラルネットワークの典型例である．まず連想記憶の概略の説明から始めよう．

7.1.1 ニューロンのモデル化

ニューロン（neuron）（神経細胞）の構造は模式的に図 7.1 のように表される．ニューロンは**シナプス**（synapse）と呼ばれる結合部を通して他の多数のニューロンからの入力を受け取り，各入力信号の加重和（重み付きの和）が一定の値（**閾値**（threshold））を超えると，自らも信号を出すようになる．この出力信号は，**軸索**（axon）と呼ばれる突起を通って他の多くのニューロンに伝達される．

このような動作をモデル化しよう．まず，ニューロンの状態を興奮（発火）し

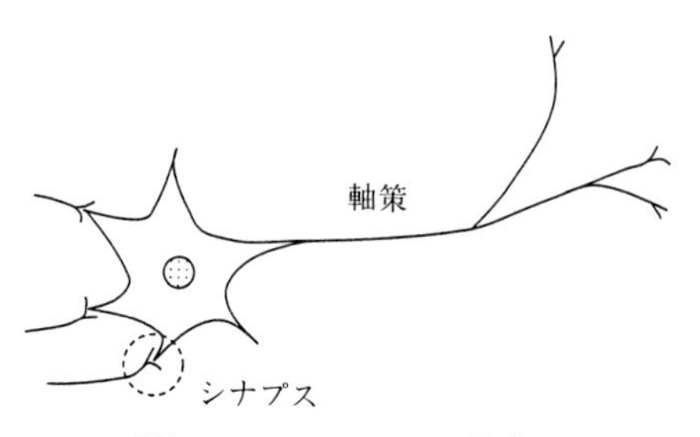

図 7.1　ニューロンの模式図

ている（信号を出している）か興奮してない（信号を出していない）かに大別し，前者を $S_i=1$，後者を $S_i=-1$ で表す．j 番目のニューロンから i 番目のニューロンへの結合のシナプス加重を $2J_{ij}$ とすると，i 番目のニューロンへの入力信号の総和 h_i は

$$h_i=\sum_j J_{ij}(S_j+1) \tag{7.1.1}$$

となる．$S_j=1$ のときには i から j に強さ $2J_{ij}$ の入力があるが，$S_j=-1$ なら入力はないということを (7.1.1) 式は表している．一般に，J_{ij} は正の値も負の値も両方取りうる．前者では S_j からの信号があれば (7.1.1) 式の右辺が大きくなりニューロン i が興奮しやすくなるから**興奮性シナプス**（excitatory synapse），後者は**抑制性シナプス**（inhibitory synapse）と呼ばれている．

(7.1.1) 式で表される入力信号がある瞬間 t に閾値 θ_i を超えると次の瞬間にニューロン i が興奮し，閾値以下なら興奮しないということを式で書けば

$$S_i(t+\Delta t)=\mathrm{sgn}\left(\sum_j J_{ij}(S_j(t)+1)-\theta_i\right) \tag{7.1.2}$$

となる．以後簡単のため，閾値 θ_i が $\sum_j J_{ij}$ に等しいとして定数項を落とした次の式を取り扱うことにする．

$$S_i(t+\Delta t)=\mathrm{sgn}\left(\sum_j J_{ij}S_j(t)\right). \tag{7.1.3}$$

7.1.2 記憶と安定な固定点

多数のニューロンがシナプスを介して互いに結合したときに，全体として高度な情報処理をするのであるが，その様相はシナプス結合の性質に大きく依存する．この章の前半(7.5 節まで)では，シナプス結合を Hebb 則と呼ばれる特別な形に選んだとき，**記憶**(memory)と**想起**(retrieval)(思い出すこと)がどのような条件下で可能になるかについて検討する．

ニューラルネットワーク(ニューロンが結合してできる系)の興奮パターンを $\{\xi_i^\mu\}$ で表そう．$i(=1,\cdots,N)$ はニューロンの番号，$\mu(=1,\cdots,p)$ は興奮パターンの番号で，ξ_i^μ は Ising 変数 (±1) である．例えば，パターン μ においてニューロン i が興奮しているならば $\xi_i^\mu=1$ とするのである(図 7.2)．1 つの興奮パターンは $\{\xi_1^\mu,\xi_2^\mu,\cdots,\xi_N^\mu\}$ と書くことができる．このようなパターンが p 個用意されているものとする．

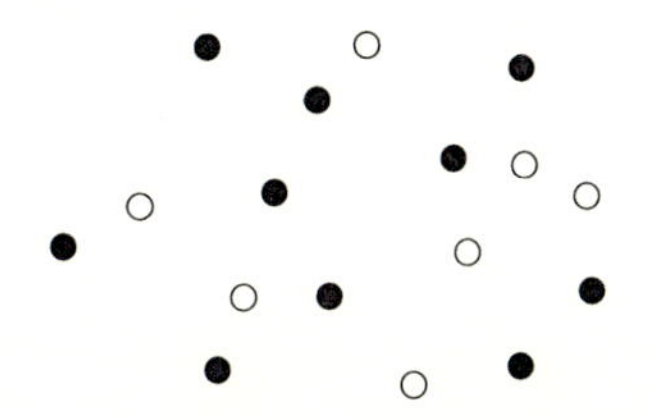

図 7.2 ニューロン群の安定な興奮パターンと記憶を同一視する．○は興奮したニューロン，●は興奮してないニューロン．

ある特定の興奮パターンがある特定の記憶に相当していると考え，p 個の記憶を N 個のニューロンからなるネットワークに記憶させようという問題を取り扱うことにする．記憶させるというのは，ある興奮パターン $\{\xi_i^\mu\}_{i=1,\cdots,N}$ が時間発展の式 (7.1.3) の安定な固定点になる，すなわちすべての i で $S_i(t)=\xi_i^\mu \rightarrow S_i(t+\Delta t)=\xi_i^\mu$ となることを意味する．この安定性が成立する条件を調べる．

理論的な解析を容易にするために，ランダムパターンの記憶に話を限ることにする．各 ξ_i^μ はランダムに ±1 のいずれかの値を取るとするのである．ランダムパターンの場合，J_{ij} を次のように選ぶとパターン数 p があまり大きくならない限り各パターンは安定な固定点になっている．

$$J_{ij} = \frac{1}{N}\sum_{\mu=1}^{p} \xi_i^\mu \xi_j^\mu. \tag{7.1.4}$$

これは**Hebb則**(Hebb rule)と呼ばれている．実際，時間発展 (7.1.3) において，時刻 t で系の状態がパターン μ に完全に一致していたとすると，$S_i(t) = \xi_i^\mu\ (\forall i)$ だから次の瞬間の i の状態は

$$\mathrm{sgn}\left(\sum_j J_{ij}\xi_j^\mu\right) = \mathrm{sgn}\left(\frac{1}{N}\sum_j\sum_\nu \xi_i^\nu \xi_j^\nu \xi_j^\mu\right) = \mathrm{sgn}\left(\sum_\nu \xi_i^\nu \delta_{\nu\mu}\right) = \mathrm{sgn}\left(\xi_i^\mu\right). \tag{7.1.5}$$

ここで，ランダムパターン間の近似的な直交関係

$$\frac{1}{N}\sum_j \xi_j^\mu \xi_j^\nu = \delta_{\nu\mu} + O\left(\frac{1}{\sqrt{N}}\right) \tag{7.1.6}$$

を使った．これより，N が十分大きいとき $S_i(t+\Delta t) = \xi_i^\mu$ が導かれる．以上の議論の問題点は，(7.1.6) 式の直交性における $O(1/\sqrt{N})$ の項の寄与が不明確なことと，**埋め込んだ**(embedded)(記憶させた)パターンそのものではなく少し異なる状態から始めたときに正しいパターンに行き着くという安定性が示されていないことである．以後の議論でこれらの点を解明していく．

7.1.3　ランダムな Ising 模型の統計力学

(7.1.3) 式で記述される時間発展はハミルトニアン

$$H = -\frac{1}{2}\sum_{i,j} J_{ij}S_iS_j = -\frac{1}{2}\sum_i S_i \sum_j J_{ij}S_j \tag{7.1.7}$$

で表される Ising 模型の絶対零度でのダイナミクスと等価である．なぜなら，$\sum_j J_{ij}S_j$ はスピン S_i にかかる局所磁場 h_i に他ならないが[*1]，(7.1.3) 式はスピン S_i を次の瞬間にこの局所磁場の方向に向けることになっているので，エネルギー (7.1.7) は単調に減少するからである．つまり図 7.3 に示したように，ネットワークは初期条件に最も近いエネルギー極小状態に行き着いて変化が停止する．したがって，記憶させたいパターンとエネルギー極小状態を一対一に対応させることができれば，想起すべき本来のパターンから少しずれた(雑音の混

---

*1　(7.1.1) 式の h_i とは定数 $\sum_j J_{ij}$ だけ異なることに注意する．

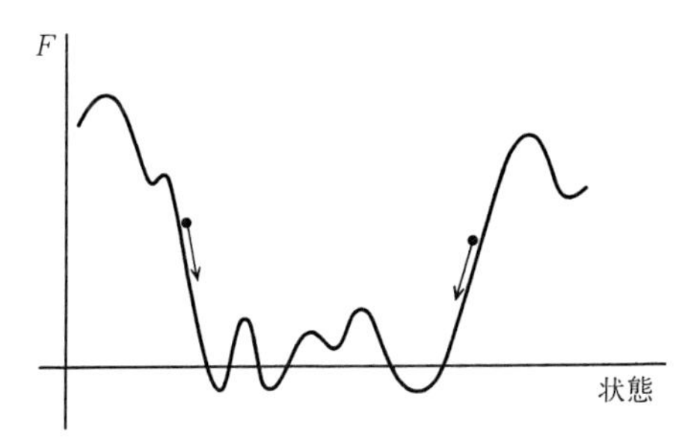

図 **7.3** エネルギー関数の構造

じった）パターンを初期条件として，それに最も近い正しいパターンに行き着き，雑音の除去ができるようになる．Hebb 則 (7.1.4) を採用したとき，実際にこうした状況が実現するための条件を定量的に調べようというのである．

ところで，(7.1.3) 式のダイナミクスでは入力 $h_i(t) = \sum_j J_{ij} S_j(t)$ に応じて次の瞬間の状態が確定する．しかし実際には，ニューロンの動作はそれほど正確なものではない．そこで確率的な模型を導入しよう．$S_i(t + \Delta t)$ が確率 $1/(1+e^{-2\beta h_i(t)})$ で 1 になり，確率 $e^{-2\beta h_i(t)}/(1+e^{-2\beta h_i(t)})$ で -1 になるとするとあとあと都合がよい．ここで β はニューロンの動作の不確実さを制御するために人工的に導入したパラメータである．この確率的ダイナミクスは，$\beta \to \infty$ なら $h_i(t) > 0$ で $S_i(t+\Delta t) = 1$，$h_i(t) < 0$ で $S_i(t+\Delta t) = -1$ ゆえ (7.1.3) 式に戻るし，$\beta = 0$ なら ± 1 を等確率で取るまったくランダムな動作になる（図 7.4）．

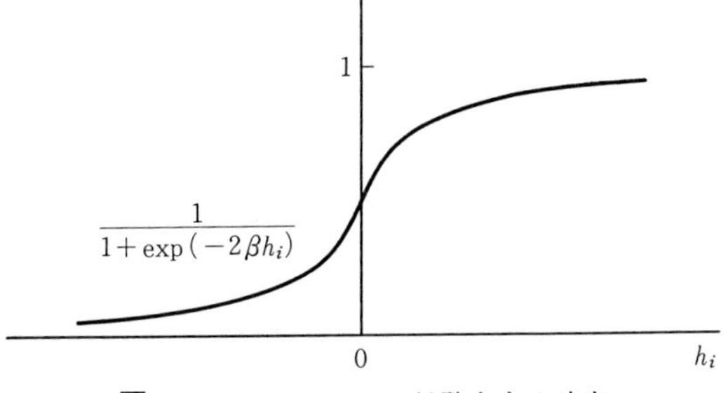

図 **7.4** ニューロン i が発火する確率

以上の確率ダイナミクスは動的 Ising 模型 (4.12.1), (4.12.2) と等価である．これを確かめるために，例えば (4.12.2) 式の右辺第 2 項の過程を考えてみる．$\boldsymbol{S}''$ は $\boldsymbol{S}$ の中で S_i が $-S_i$ に反転したスピン配位だから $\Delta(\boldsymbol{S}'', \boldsymbol{S}) = H(\boldsymbol{S}'') - H(\boldsymbol{S}) = 2S_i h_i$ である．このスピン反転の遷移確率 w は，(4.12.2) 式によると

$$w = \frac{1}{1 + e^{2\beta\Delta(\boldsymbol{S}'', \boldsymbol{S})}} = \frac{1}{1 + e^{2\beta S_i h_i}} \tag{7.1.8}$$

である．現在 $S_i = 1$ なら新しい配位では $S_i = -1$ であり対応する遷移確率は $w = (1 + e^{2\beta h_i})^{-1} = e^{-2\beta h_i}/(1 + e^{-2\beta h_i})$ だから，$S_i = -1$ になるときのニューロンの動作を表す前述の確率と一致する．

ところで，(4.12.1) 式の $P_t(\boldsymbol{S})$ に平衡状態の Gibbs-Boltzmann 分布を代入すると右辺が 0 になるから，平衡分布は確かに時間とともに変化しない．もう一歩踏み込んで，平衡でない初期条件が与えられても動的 Ising 模型では十分長時間の後には系は温度 $\beta^{-1} = T$ での熱平衡状態に達することが証明されている*2．それゆえ，初期条件から出発して長い時間たったあと系が記憶したパターンの一つを想起しているかどうかという問題は，Hebb 則 (7.1.4) から作られるランダムな結合を持つ Ising 模型 (7.1.7) の平衡統計力学で解析できる．(7.1.4) 式の Hebb 則と (7.1.7) 式のハミルトニアンの組み合わせは，**Hopfield 模型**と呼ばれることが多い．

7.2　有限個のパターンの埋め込み

Hopfield 模型の統計力学を研究しよう．まず，埋め込まれるパターン数 p が有限個の場合について系の性質を明らかにする．

7.2.1　自由エネルギーと状態方程式

Hebb 則 (7.1.4) をハミルトニアン (7.1.7) に入れた系の分配関数は

$$Z = \mathrm{Tr}\exp\left(\frac{\beta}{2N}\sum_{\mu}\Big(\sum_i S_i\xi_i^{\mu}\Big)^2\right) \tag{7.2.1}$$

---

*2　本章では $k_B = 1$ なる単位を採用し，β^{-1} と T を同一視する．

である．ここで Tr は変数 $\{S_i\}$ についての和である．新たな積分変数 m^μ を導入して指数関数の肩の 2 乗を分解すると (7.2.1) 式は

$$
\begin{aligned}
Z &= \mathrm{Tr} \int \prod_{\mu=1}^{p} dm^\mu \exp\left\{-\frac{1}{2}N\beta \sum_\mu m_\mu^2 + \beta \sum_\mu m_\mu \sum_i S_i \xi_i^\mu\right\} \\
&= \int \prod_\mu dm^\mu \exp\left\{-\frac{1}{2}N\beta \boldsymbol{m}^2 + \sum_i \log\left(2\cosh \beta \boldsymbol{m}\cdot\boldsymbol{\xi}_i\right)\right\} \quad (7.2.2)
\end{aligned}
$$

となる．ただし，$\boldsymbol{m} = {}^t(m^1, \cdots, m^p)$，$\boldsymbol{\xi}_i = {}^t(\xi_i^1, \cdots, \xi_i^p)$ であり，また全体にかかる自明な定数は系の物理的な性質に影響しないから省略してある．

脳の中のニューロンの数が非常に大きなこと (約 10^{11} 個) や，多数の素子から作られる人工的な情報処理装置の原理を探索するという観点から，十分大きな系の性質を考察することにしよう．統計力学の問題としても，熱力学的極限 $N \to \infty$ で初めて現れる相転移は興味深い．そこで (7.2.2) 式で $N \to \infty$ とすると，積分は鞍点で支配され，1 自由度あたりの自由エネルギーが

$$
f = \frac{1}{2}\boldsymbol{m}^2 - \frac{T}{N}\sum_i \log\left(2\cosh\beta\boldsymbol{m}\cdot\boldsymbol{\xi}_i\right) \quad (7.2.3)
$$

と求められる．自由エネルギー (7.2.3) の極値条件から，状態方程式は

$$
\boldsymbol{m} = \frac{1}{N}\sum_i \boldsymbol{\xi}_i \tanh\left(\beta\boldsymbol{m}\cdot\boldsymbol{\xi}_i\right) \quad (7.2.4)
$$

であることが直ちに導かれる．N が十分大きな極限では，(7.2.4) 式の i についての和は自己平均性により，ベクトル $\boldsymbol{\xi} = {}^t(\xi^1, \cdots, \xi^p)$ のランダムな成分 $(\xi^1 = \pm 1, \cdots, \xi^p = \pm 1)$ についての平均に等しくなる．この平均操作はスピングラスにおける配位平均と同等でありこれを $[\cdots]$ で表せば，自由エネルギーと状態方程式は

$$
f = \frac{1}{2}\boldsymbol{m}^2 - T\left[\log\left(2\cosh\beta\boldsymbol{m}\cdot\boldsymbol{\xi}\right)\right] \quad (7.2.5)
$$

$$
\boldsymbol{m} = \left[\boldsymbol{\xi}\tanh\beta\boldsymbol{m}\cdot\boldsymbol{\xi}\right] \quad (7.2.6)
$$

と書かれる．

秩序パラメータ $\boldsymbol{m}$ の意味を明らかにするために，(7.2.2) 式の最初の表式で N が十分大きいとして鞍点条件を取ると

$$m^\mu = \frac{1}{N}\sum_i S_i \xi_i^\mu \tag{7.2.7}$$

が得られる．この式から，m^μ は埋め込まれた μ 番目のパターンに系の状態がどれだけ近いかを表す重なりのパラメータであることがわかる．完全に一致していれば $S_i = \xi_i^\mu$ $(\forall i)$ ゆえ $m^\mu = 1$，無相関なら S_i は ξ_i^μ とは独立に ± 1 の値を取るから $m^\mu = 0$ である．それゆえ，m^μ が 0 かどうかが μ 番目のパターンの想起がうまくいくかどうかの目安になる．

7.2.2　状態方程式の解

状態方程式 (7.2.6) を解いて系のマクロな性質を解明することにする．まず，ただ 1 個のパターンの想起が可能になる条件を調べよう．想起するパターンの番号を 1 としても一般性を失わないから，$m_1 = m$，$m_2 = \cdots = m_p = 0$ とする．状態方程式 (7.2.6) はこのとき

$$m = [\xi^1 \tanh(\beta m \xi^1)] = \tanh \beta m \tag{7.2.8}$$

となる．これは通常の強磁性的 Ising 模型の平均場の状態方程式に他ならないから，温度 $T = \beta^{-1}$ が 1 以下で $m \neq 0$ の安定な解を持つ．これに対応して，自由エネルギーも $T < 1$ で $m \neq 0$ に最小値を持つ（図 7.5）．ニューロンの動作の不確実さ T がある程度以下なら，安定状態から多少ずれた初期条件から出発しても，7.1.3 節で導入したダイナミクスにより自由エネルギーが単調減少し，安定状態に到達して停止する．特に $T = 0$ なら (7.2.8) 式より $m = 1$ だから，埋め込んだパターンの完全な想起が可能である*3．こうして，Hopfield 模型に有限個のパターンを埋め込んだとき温度があまり大きくないならば，埋め込んだパターンの 1 つを少し乱した状態から始めて，正しいパターンを想起できること（連想記憶）が明らかになった．

ただ 1 個のパターンを想起する解以外にも，状態方程式 (7.2.6) はいろいろな解を持つ．例えば，l 個のパターンを同じ重みで想起する解

$$\boldsymbol{m} = (m_l, m_l, m_l, \cdots, m_l, 0, \cdots, 0) \tag{7.2.9}$$

がある．詳細は省略するが，この解の $T = 0$ でのエネルギーを E_l とすると次

*3　正解に言えば，初期条件が $m > 0$ なら $m = 1$ に行き着き，$m < 0$ から出発すれば各スピンが全部反転した $m = -1$ に達する．

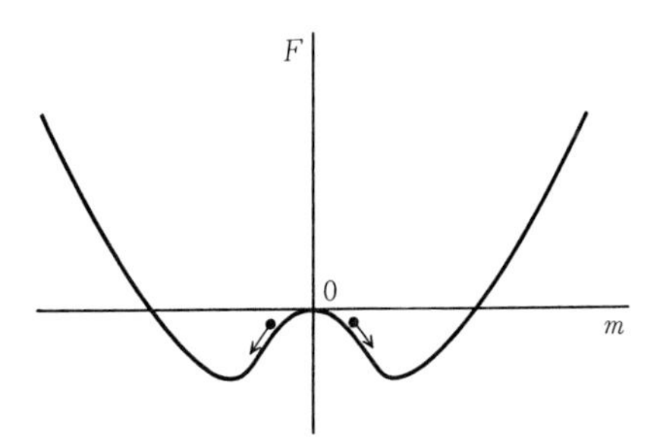

図 7.5　1 個のパターンを想起するときの自由エネルギー

の不等式が成立することがわかっている．

$$E_1 < E_3 < E_5 < \cdots . \tag{7.2.10}$$

1 個だけ想起する解がもっとも安定で，それに奇数個の想起解が個数の少ない順に続く．偶数個の想起解はいずれも不安定である．有限温度では，$l=1$ の解はすでに示したように $T=1$ 以下で安定に存在する．$0.461 < T < 1$ ではこれが唯一の安定解である．$T=0.461$ になると $l=3$ の解が出現する．さらに低温になるにつれて $l=5,7,\cdots$ の解が次々に出現する．また，(7.2.9) 式と違って成分の大きさが一様でない解も存在する．

7.3　多数のパターンを埋め込んだ Hopfield 模型

パターン数 p が系の大きさ N に比例して増大する場合にどのような解が現れるであろうか．前節の最後で述べたように，p が有限のときに状態方程式は様々な形の解を持つ．p が大きくなると一層複雑な解が存在するようになり，p が N に比例する場合には埋め込んだパターンとはまったく関係のないランダムに凍結した状態を表す解が出現する．スピングラス状態である．さらに $\alpha \equiv p/N$ がある値以上になると，スピングラス解が状態方程式の唯一の解になる．以上の結果の導出を述べる．

7.3.1　分配関数のレプリカ表示

自由エネルギーのランダムパターン $\{\xi_i^\mu\}$ に関する配位平均 $F = -T[\log Z]$ をレプリカ法で求めるために，分配関数の n 乗の平均を計算する．簡単のため，1番目のパターンのみ想起される場合を考察する．(7.1.4), (7.1.7) 式より，分配関数の n 乗の平均は

$$
\begin{aligned}
[Z^n] &= \left[\mathrm{Tr}\exp\left(\frac{\beta}{2N}\sum_{i,j}\sum_{\mu}\sum_{\rho=1}^{n}\xi_i^\mu\xi_j^\mu S_i^\rho S_j^\rho\right)\right] \\
&= \mathrm{Tr}\int\prod_{\mu\rho}dm_\rho^\mu\left[\exp\beta N\left(-\frac{1}{2}\sum_{\mu\geqq 2}\sum_{\rho}(m_\rho^\mu)^2+\frac{1}{N}\sum_{\mu\geqq 2}\sum_{\rho}m_\rho^\mu\sum_i\xi_i^\mu S_i^\rho\right.\right. \\
&\qquad \left.\left.-\frac{1}{2}\sum_{\rho}(m_\rho^1)^2+\frac{1}{N}\sum_{\rho}m_\rho^1\sum_i\xi_i^1 S_i^\rho\right)\right].
\end{aligned}
\tag{7.3.1}
$$

想起される可能性のある1番目のパターンとそれ以外に分けて計算を進めることにする．

7.3.2　想起されないパターンの寄与

2番目以後のパターン $(\mu \geqq 2)$ については，重なりのパラメータは $\{\xi_i^\mu\}$ のランダムさに起因する偶然の寄与だけからなるから，

$$
m_\rho^\mu = \frac{1}{N}\sum_i \xi_i^\mu S_i^\rho \approx O\left(\frac{1}{\sqrt{N}}\right) \tag{7.3.2}
$$

である[*4]．前節で扱ったパターン数 p が有限個の場合は (7.3.1) 式の $\mu > 1$ の和の項数が有限だから，N が十分大きいときこの和の項は無視できる．本節では和の項数が N に比例するから，きちんとした取り扱いが必要である．そこで，変数変換 $m_\rho^\mu \to m_\rho^\mu/\sqrt{\beta N}$ により m_ρ^μ を $O(1)$ にし，(7.3.1) 式で $\mu \geqq 2$ の項の配位平均 $[\cdots]$ を実行すると

$$
\exp\left(-\frac{1}{2}\sum_{\mu\rho}(m_\rho^\mu)^2+\sum_{i\mu}\log\cosh\left(\sqrt{\frac{\beta}{N}}\sum_{\rho}m_\rho^\mu S_i^\rho\right)\right) \tag{7.3.3}
$$

---

*4　ξ_i^μ と S_i^ρ が独立に 1 あるいは -1 を取るとすると確率変数 $\sum_i \xi_i^\mu S_i^\rho$ は平均が 0，分散は $(\sum_i \xi_i^\mu S_i^\rho)^2 = N + \sum_{i\neq j}\xi_i^\mu\xi_j^\mu S_i^\rho S_j^\rho$ の平均を取ると第 2 項が消えるから，N である．

が得られる．μ についての和は $\mu \geqq 2$ の範囲で取る．N が十分大きいとして $\log\cosh$ を展開して最低次の項のみ残すと，この式は

$$\exp\left(-\frac{1}{2}\sum_{\mu}\sum_{\rho\sigma} m_\rho^\mu K_{\rho\sigma} m_\sigma^\mu\right) \tag{7.3.4}$$

となる．ここで

$$K_{\rho\sigma} = \delta_{\rho\sigma} - \frac{\beta}{N}\sum_i S_i^\rho S_i^\sigma \tag{7.3.5}$$

である．(7.3.4) 式は m_ρ^μ についての 2 次形式だから m_ρ^μ での積分は多重 Gauss 積分により容易に実行できて，自明な定数倍を除いて以下の結果になる．

$$\begin{aligned}(\det K)^{-(p-1)/2} &= \exp\left(-\frac{p-1}{2}\mathrm{Tr}\log K\right)\\ &= \int\prod_{(\rho\sigma)} dq_{\rho\sigma}\,\delta\left(q_{\rho\sigma} - \frac{1}{N}\sum_i S_i^\rho S_i^\sigma\right)\\ &\quad\times\exp\left\{-\frac{p-1}{2}\,\mathrm{Tr}_n\log\left((1-\beta)I - \beta Q\right)\right\}.\end{aligned} \tag{7.3.6}$$

ここで $(\rho\sigma)$ は $n(n-1)$ 個のレプリカ変数の組み合わせの集合を表す．また，行列 K の対角部分 $K_{\rho\rho}$ が $1-\beta$ であることと，非対角部分が

$$K_{\rho\sigma} = -\frac{\beta}{N}\sum_i S_i^\rho S_i^\sigma = -q_{\rho\sigma} \tag{7.3.7}$$

と書けることを使った．Q は $q_{\rho\sigma}$ を要素とする行列である．指数関数の肩の Tr_n は $n\times n$ 次元の行列のトレースである．(7.3.6) 式のデルタ関数を積分変数を $r_{\rho\sigma}$ として Fourier 表示し，その結果を (7.3.1) 式に代入すると

$$\begin{aligned}[Z^n] = \mathrm{Tr}\int\prod_\rho dm_\rho^1\int\prod_{(\rho\sigma)} dq_{\rho\sigma}dr_{\rho\sigma}\exp\Bigg(&-\frac{N}{2}\alpha\beta^2\sum_{(\rho\sigma)} r_{\rho\sigma}q_{\rho\sigma}\\ &+\frac{\alpha\beta^2}{2}\sum_{i,(\rho\sigma)} r_{\rho\sigma}S_i^\rho S_i^\sigma\Bigg)\exp\left\{-\frac{p-1}{2}\mathrm{Tr}_n\log\left((1-\beta)I-\beta Q\right)\right\}\\ \times\left[\exp\beta N\left(-\frac{1}{2}\sum_\rho (m_\rho^1)^2 + \frac{1}{N}\sum_\rho m_\rho^1\sum_i \xi_i^1 S_i^\rho\right)\right]&\end{aligned} \tag{7.3.8}$$

となる．

7.3.3　自由エネルギーと秩序パラメータ

(7.3.8) 式で S_i に依存する部分をまとめると

$$\left[\mathrm{Tr}\exp\left(\beta\sum_{i,\rho}m_\rho^1\xi_i^1S_i^\rho+\frac{1}{2}\alpha\beta^2\sum_{i,(\rho\sigma)}r_{\rho\sigma}S_i^\rho S_i^\sigma\right)\right]$$
$$=\left[\exp\left\{\sum_i\log\mathrm{Tr}\exp\left(\beta\sum_\rho m_\rho^1\xi_i^1S^\rho+\frac{1}{2}\alpha\beta^2\sum_{(\rho\sigma)}r_{\rho\sigma}S^\rho S^\sigma\right)\right\}\right]$$
$$=\exp N\left[\log\mathrm{Tr}\exp\left(\beta\sum_\rho m_\rho^1\xi^1S^\rho+\frac{1}{2}\alpha\beta^2\sum_{(\rho\sigma)}r_{\rho\sigma}S^\rho S^\sigma\right)\right] \quad (7.3.9)$$

と書くことができる．2 番目の式から最後の式に行く際に，i についての和は N が大きいときには配位平均 $[\cdots]$ の N 倍と等しいこと(自己平均性)を使った．(7.3.8) 式に代入して

$$[Z^n]=\int\prod dm_\rho\int\prod dr_{\rho\sigma}\prod dq_{\rho\sigma}$$
$$\times\exp N\left\{-\frac{\beta}{2}\sum_\rho(m_\rho^1)^2-\frac{\alpha}{2}\mathrm{Tr}_n\log\left((1-\beta)I-\beta Q\right)-\frac{1}{2}\alpha\beta^2\sum_{(\rho\sigma)}r_{\rho\sigma}q_{\rho\sigma}\right.$$
$$\left.+\left[\log\mathrm{Tr}\exp\left(\frac{1}{2}\alpha\beta^2\sum_{(\rho\sigma)}r_{\rho\sigma}S^\rho S^\sigma+\beta\sum_\rho m_\rho^1\xi^1S^\rho\right)\right]\right\} \quad (7.3.10)$$

を得る．$N,p\gg 1$ として $(p-1)/N=\alpha$ とおいた．$N\to\infty$ の熱力学的極限では，自由エネルギーは指数関数の肩の $n\beta$ に比例する項から得られる．

$$f=\frac{1}{2n}\sum_\rho(m_\rho^1)^2+\frac{\alpha}{2n\beta}\mathrm{Tr}_n\log\left((1-\beta)I-\beta Q\right)$$
$$+\frac{\alpha\beta}{2n}\sum_{(\rho\sigma)}r_{\rho\sigma}q_{\rho\sigma}-\frac{1}{\beta n}\left[\log\mathrm{Tr}\,e^{\beta H_\xi}\right]. \quad (7.3.11)$$

ここで βH_ξ は (7.3.10) 式の $\log\mathrm{Tr}$ のあとの指数関数の肩にある量である．

各秩序パラメータの意味を考察する．まず (7.3.1) 式において，N が十分大きいとして鞍点法の考え方を適用して指数関数の肩を m_ρ^μ について変分すれば

$$m_\rho^\mu=\frac{1}{N}\sum_i\xi_i^\mu S_i^\rho \quad (7.3.12)$$

となるから，m_ρ^μ は系の状態と μ 番目のパターンとの重なりを表している．$q_{\alpha\beta}$ は，(7.3.6) 式と (2.2.14) 式の比較よりスピングラス秩序パラメータである．$r_{\rho\sigma}$ については (7.3.8) 式の指数関数の肩を $q_{\alpha\beta}$ について変分することにより

$$r_{\rho\sigma} = \frac{1}{\alpha}\sum_{\mu\geqq 2} m_\rho^\mu m_\sigma^\mu \tag{7.3.13}$$

であることがわかる*5．(7.3.13) 式によると，$r_{\rho\sigma}$ は想起されないパターンの影響の総和であると解釈される．

7.3.4 レプリカ対称解

自由エネルギー (7.3.11) を具体的に評価するために，レプリカ対称解を求めてみよう．$m_\rho^1 = m$，$q_{\rho\sigma} = q$ および $r_{\rho\sigma} = r$（ただし $\rho \neq \sigma$）より，(7.3.11) 式の第 1 項は $m^2/2$，第 3 項は $n \to 0$ の極限で $-\alpha\beta rq/2$ である．第 2 項を計算するには，行列 $(1-\beta)I - \beta Q$ の固有ベクトルは，1 つは一様なもの ${}^t(1, 1, \cdots, 1)$，もう 1 つは 1 の n 乗根が順に並んだもの ${}^t(e^{2\pi ik/n}, e^{4\pi ik/n}, \cdots, e^{2(n-1)\pi ik/n})$ $(k = 1, 2, \cdots, n-1)$ であることに着目する．前者の固有値は $1-\beta+\beta q-n\beta q$（縮退なし），後者の固有値は $1-\beta+\beta q$（$n-1$ 重縮退）である．これより $n \to 0$ で

$$\begin{aligned}
&\frac{1}{n}\mathrm{Tr}_n \log\left((1-\beta)I - \beta Q\right) \\
&\quad = \frac{1}{n}\log\left(1-\beta+\beta q - n\beta q\right) + \frac{n-1}{n}\log\left(1-\beta+\beta q\right) \\
&\quad \to \log\left(1-\beta+\beta q\right) - \frac{\beta q}{1-\beta+\beta q}
\end{aligned} \tag{7.3.14}$$

を得る．(7.3.11) 式の最後の項は

$$\begin{aligned}
&\frac{1}{n}\left[\log \mathrm{Tr} \exp\left(\frac{1}{2}\alpha\beta^2 r (\sum_\rho S^\rho)^2 - \frac{1}{2}\alpha\beta^2 rn - \beta\sum_\rho m\xi^1 S^\rho\right)\right] \\
&\quad = -\frac{1}{2}\alpha r\beta^2 + \frac{1}{n}\left[\log \mathrm{Tr}\int Dz \exp\left(-\beta\sqrt{\alpha r}z\sum_\rho S^\rho - \beta\sum_\rho m\xi S^\rho\right)\right] \\
&\quad \to -\frac{1}{2}\alpha r\beta^2 + \left[\int Dz \log 2\cosh\beta(\sqrt{\alpha r}z + m\xi)\right] \quad (n \to 0)
\end{aligned} \tag{7.3.15}$$

*5 $\mathrm{Tr}_n \log$ の中にある Q の成分の変分を計算するには，$\mathrm{Tr}_n \log$ の項は (7.3.4) 式で $K_{\rho\sigma}$ を $(1-\beta)I - \beta Q$ で置き換えたものを m_ρ^μ について積分した表式で表されることと，(7.3.4) 式の直前で m_ρ^μ の $\sqrt{\beta N}$ のスケール変換をしたことを使うとよい．

である．ここで，z は $(\sum_\rho S^\rho)^2$ を 1 次に分解するために導入した積分変数である．これらをまとめると，レプリカ対称解での自由エネルギーは

$$f = \frac{1}{2}m^2 + \frac{\alpha}{2\beta}\left(\log(1-\beta+\beta q) - \frac{\beta q}{1-\beta+\beta q}\right) + \frac{\alpha\beta}{2}r(1-q) \\ -T\int Dz\left[\log 2\cosh\beta(\sqrt{\alpha r}z + m\xi)\right] \tag{7.3.16}$$

と書かれる．

状態方程式は (7.3.16) 式の変分から導かれる．まず m について変分すると

$$m = \int Dz\left[\xi\tanh\beta(\sqrt{\alpha r}z + m\xi)\right] = \int Dz\tanh\beta(\sqrt{\alpha r}z + m) \tag{7.3.17}$$

が求められる．次に r についての変分を少し書き換えると

$$q = \int Dz\left[\tanh^2\beta(\sqrt{\alpha r}z + m\xi)\right] = \int Dz\tanh^2\beta(\sqrt{\alpha r}z + m) \tag{7.3.18}$$

であることがわかる．また q の変分より

$$r = \frac{q}{(1-\beta+\beta q)^2} \tag{7.3.19}$$

となる．これら 3 つの状態方程式を解いて，秩序パラメータ m, q, r が 0 でない解があるかどうかを調べなければならない．

まず，常磁性解 $m = q = r = 0$ が存在することは容易にわかる．少し低温になるとスピングラス解 $m = 0,\ q > 0,\ r > 0$ が出現する．(7.3.18) 式に $m = 0$ を入れて右辺を展開した最低次の項と (7.3.19) 式を組み合わせると，スピングラス解の出現する境界の温度が $T = 1 + \sqrt{\alpha}$ であることが導かれる．

1 番目のパターンが想起される想起解 $m > 0,\ q > 0,\ r > 0$ は 1 次転移により不連続的に出現し，相境界を描くには状態方程式 (7.3.17), (7.3.18), (7.3.19) を数値的に解かなければならない*6.

最終的に得られる相図を図 7.6 に示す．α を 0.138 以下に保って温度を下げると，常磁性相，スピングラス相，準安定な想起相が順に出現する．$\alpha < 0.05$ では安定な想起相が存在する．想起相を記述するレプリカ対称解は非常に低温

*6　$\alpha \to 0$ および $T \to 0$ の極限では解析的な議論が可能であるが，やや立ち入った計算になるのでここでは省略する．

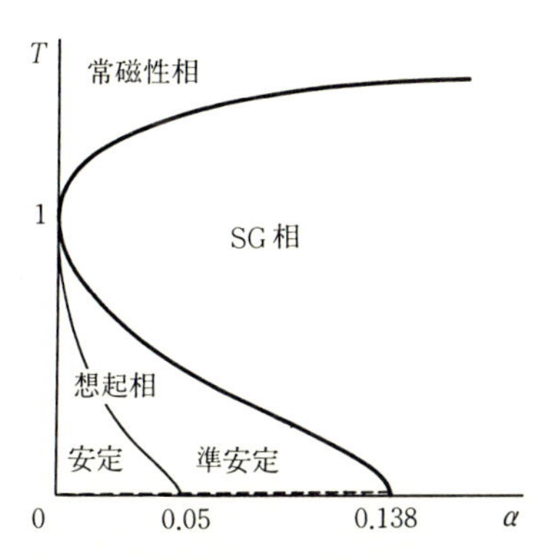

図 7.6 Hopfield 模型の相図．α 軸近くの点線はレプリカ対称性が不安定化する AT 線を表す．

において不安定化しレプリカ対称性の破れ（RSB）を考慮する必要が生じるが，この領域は非常に狭いので，RSB 領域においても秩序パラメータ m などの定性的な様子はレプリカ対称解で比較的よく記述できるものと思われる．

7.4 SCSNA

レプリカ法は強力な手法であるが，問題によっては適用が容易でない．例えば，1 つのニューロンの入出力関係が (7.1.3) 式のような 2 値の単調増加関数ではない場合のレプリカ法による取り扱いは簡単ではない．**SCSNA**（Self-Consistent Signal-to-Noise Analysis）はこのような系の解析に便利な近似法である．

7.4.1 アナログニューロンの定常状態

SCSNA の考え方は，まずアナログニューロンで定式化するとわかりやすい．現実のニューロン内のポテンシャル（膜電位）h_i はアナログ量であり，およそ次の方程式にしたがって変動するものと思われる．

$$\frac{dh_i}{dt} = -h_i + \sum_j J_{ij} F(h_j). \tag{7.4.1}$$

右辺第 1 項は h_i の自然な減衰を，第 2 項は他のニューロンからの信号による影響を表している．$F(h)$ はアナログニューロンの入出力関係を表現する関数であり，これまでの記号で書けば (7.1.3) 式に対応して $S_j = F(h_j)$ である．S_j は一般には連続値を取る．結合 J_{ij} はこれまで通り，ランダム変数 $\xi_i^\mu = \pm 1$ により構成された Hebb 則 (7.1.4) で与えられているとする．ただし，自己結合 J_{ii} は 0 であるとする．

定常状態にのみ注目することにすると (7.4.1) 式より，

$$h_i = \sum_j J_{ij} S_j \tag{7.4.2}$$

が成立する．重なりのパラメータ

$$m^\mu = \frac{1}{N} \sum_j \xi_j^\mu S_j \tag{7.4.3}$$

について，7.2 節や 7.3 節と同様に $m^1 = m = O(1)$, $m^\mu = O(1/\sqrt{N})$ $(\mu \geqq 2)$ なる解を捜すことにする．

7.4.2　信号と雑音の分離

(7.4.3) 式を具体的に評価するために，h_i の定義式 (7.4.2) に Hebb 則 (7.1.4) を入れると，1 番目のパターンと特定の μ 番目のパターンを別扱いして，

$$h_i = \xi_i^1 m + \xi_i^\mu m^\mu + \sum_{\nu \neq 1, \mu} \xi_i^\nu m^\nu - \alpha S_i \tag{7.4.4}$$

が得られる．最後の $-\alpha S_i$ は，$J_{ii} = 0$ による補正である．(7.4.4) 式の最後から 2 番目の項からも S_i に比例する寄与が出てくる可能性を考慮して，S_i に比例する項（γS_i）と残り（$z_{i\mu}$）に分離する．

$$\sum_{\nu \neq 1, \mu} \xi_i^\nu m^\nu = \gamma S_i + z_{i\mu}. \tag{7.4.5}$$

(7.4.4) 式と (7.4.5) 式より

$$S_i = F(h_i) = F(\xi_i^1 m + \xi_i^\mu m^\mu + z_{i\mu} + \Gamma S_i) \tag{7.4.6}$$

である．ここで $\Gamma = \gamma - \alpha$ とした．(7.4.6) 式を S_i について解いて次式が得られたとする．

$$S_i = \tilde{F}(\xi_i^1 m + \xi_i^\mu m^\mu + z_{i\mu}). \tag{7.4.7}$$

このとき $\mu \geqq 2$ についての重なりは

$$m^\mu = \frac{1}{N}\sum_j \xi_j^\mu \tilde{F}(\xi_j^1 m + z_{j\mu}) + \frac{m^\mu}{N}\sum_j \tilde{F}'(\xi_j^1 m + z_{j\mu}) \quad (7.4.8)$$

である．ここで $m^\mu = O(1/\sqrt{N})$ について 1 次まで展開した．(7.4.8) 式を m^μ について解くと

$$m^\mu = \frac{1}{KN}\sum_j \xi_j^\mu \tilde{F}(\xi_j^1 m + z_{j\mu}),\ \ K = 1 - \frac{1}{N}\sum_j \tilde{F}'(\xi_j^1 m + z_{j\mu}) \quad (7.4.9)$$

が得られる．これを (7.4.5) 式の左辺に代入して $j=i$ の項とそれ以外に分けると

$$\sum_{\nu\neq 1,\mu} \xi_i^\nu m^\nu = \frac{1}{KN}\sum_{\nu\neq 1,\mu} \tilde{F}(\xi_i^1 m + z_{i\nu}) + \frac{1}{KN}\sum_{j\neq i}\sum_{\nu\neq 1,\mu} \xi_i^\nu \xi_j^\nu \tilde{F}(\xi_j^1 m + z_{j\nu}). \quad (7.4.10)$$

これと (7.4.5) 式の右辺を比較すると，(7.4.10) 式の右辺第 1 項が γS_i，第 2 項が $z_{i\mu}$ になっている．実際，第 1 項は (7.4.7) 式によると $(p/KN)S_i = \alpha S_i/K$ である．$O(1/\sqrt{N})$ の微小補正はこの対応関係にはきいてこない．$\alpha S_i/K = \gamma S_i$ より $\gamma = \alpha/K$ である．

(7.4.10) 式の右辺第 2 項は平均値 0 の Gauss 変数 $z_{i\mu}$ であると考えるのが SCSNA の基本仮定である．分散は，(7.4.10) 式の右辺第 2 項の各項が独立であると考えて

$$\sigma^2 = \langle z_{i\mu}^2 \rangle = \frac{1}{K^2N^2}\sum_{j\neq i}\sum_{\nu\neq 1,\mu}\langle \tilde{F}(\xi_j^1 m + z_{j\nu})^2\rangle = \frac{\alpha}{K^2}\langle \tilde{F}(\xi^1 m + z)^2\rangle_{\xi,z} \quad (7.4.11)$$

と表される．ここで $\langle\cdots\rangle_{\xi,z}$ は ± 1 のランダム変数 ξ と分散 σ^2 の Gauss 変数 z についての平均である．N が十分大きい極限では，j についての和を N で割ったものは ξ と z の分布についての平均に等しくなると考えられるので，上式が成立する．

同様の考え方で (7.4.9) 式を書き直すと

$$K = 1 - \langle \tilde{F}'(\xi m + z)\rangle_{\xi,z}. \quad (7.4.12)$$

最後に m については

$$m = \langle \xi \tilde{F}(\xi m + z)\rangle_{\xi,z} \quad (7.4.13)$$

となる．(7.4.11), (7.4.12), (7.4.13) の各式を連立させて解くことにより，系の

状態が解明される．

7.4.3　状態方程式

連立方程式 (7.4.11), (7.4.12), (7.4.13) をもう少し整理してみよう．(7.4.4) 式は (7.4.5) 式によると，ランダム変数（確率変数）の間の関係式として次のように書くことができる．

$$h = \xi m + z + \Gamma Y(\xi, z) \quad \left(\Gamma = \frac{\alpha}{K} - \alpha\right). \tag{7.4.14}$$

ただし $Y(\xi, z) = F(\xi m + z + \Gamma Y(\xi, z))$ である．さらに次のような記号の書き換えをする．

$$q = \frac{K^2\sigma^2}{\alpha}, \quad \sqrt{\alpha r} = \sigma, \quad U = 1 - K, \quad x\sigma = z. \tag{7.4.15}$$

すると (7.4.13), (7.4.11), (7.4.12) の各式は

$$m = \left\langle \int Dx\, \xi Y(\xi, x) \right\rangle_\xi \tag{7.4.16}$$

$$q = \left\langle \int Dx Y(\xi, x)^2 \right\rangle_\xi \tag{7.4.17}$$

$$U\sqrt{\alpha r} = \left\langle \int Dx\, x Y(\xi, x) \right\rangle_\xi \tag{7.4.18}$$

と書き換えられる．また，補助的な関係式

$$Y(\xi, x) = F(\xi m + \sqrt{\alpha r}\, x + \Gamma Y(\xi, x)), \;\; \Gamma = \frac{\alpha U}{1 - U}, \;\; q = (1 - U)^2 r \tag{7.4.19}$$

も成立する．(7.4.16)-(7.4.19) 式が SCSNA の状態方程式である．

7.4.4　2 値ニューロンの例

最も簡単な応用例として，通常の 2 値ニューロン $F(x) = \mathrm{sgn}\,(x)$ に前節の状態方程式を適用してみよう．まず，$F(x)$ が奇関数のときには (7.4.19) 式より $Y(-1, x) = -Y(1, -x)$ が示せる．これより，$m, q, U\sqrt{\alpha r}$ の式 (7.4.16)-(7.4.18) の ξ での平均をはずして，被積分関数は $\xi = 1$ での値で置き換えてよいことが

わかる．よって，以下 $\xi=1$ として話を進める．

Y の方程式 (7.4.19) は

$$Y(x)=\mathrm{sgn}\left(m+\sqrt{\alpha r}\,x+\Gamma Y(x)\right) \qquad (7.4.20)$$

となる．この方程式の安定な解は，図 7.7 より $\sqrt{\alpha r}\,x+m>0$ のとき $Y(x)=1$，$\sqrt{\alpha r}\,x+m<0$ のとき $Y(x)=-1$ である．これを (7.4.17) 式に入れると $q=1$ が得られる．また，(7.4.16) 式と (7.4.18) 式に入れると

$$m=2\int_0^{m/\sqrt{\alpha r}}Dx, \quad \sqrt{\alpha r}=\sqrt{\alpha}+\sqrt{\frac{2}{\pi}}e^{-m^2/2\alpha r} \qquad (7.4.21)$$

が導かれる．

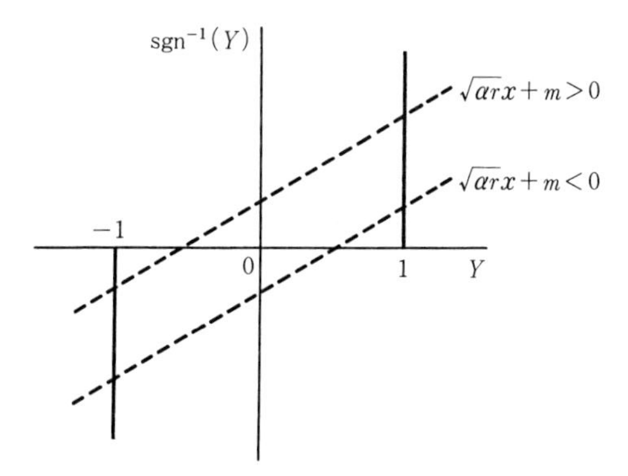

図 **7.7** Y に関する方程式の解

以上は，レプリカ対称解 (7.3.17)-(7.3.19) で $T\to 0$ の極限を取ったものと一致する．実際，m と q についてはこのことは明らかであるし，r については $U=\beta(1-q)$ という対応関係により (7.4.19) 式と (7.3.19) 式が一致する．

以上例示したように，レプリカ法による解が知られている問題に対しては SCSNA はレプリカ対称解と同じ結果を与える．レプリカ法が容易には使えない問題で SCSNA はその真価を発揮するが，レプリカ法での AT 線の理論に相当する適用限界の理論はこれからの課題である．

7.5　ダイナミクス

Hopfield 模型において，重なりのパラメータ $\boldsymbol{m}$ が時間とともにどう変化するかは興味深い問題である．特定のパターン μ に近い状態から始めると，$T=0$ なら m_μ が次第に増加して想起が成功した状態 $m_\mu=1$ 近くに行き着くであろう．こうしたプロセスの詳細な時間変化や初期条件への依存性を定量的に明らかにするには，平衡系の理論の枠組みを越えた取り扱いが必要である．

埋め込むパターンの数 p が有限だとダイナミクスも比較的容易に解明できるが，系の大きさ N に比例して増大するときには，ダイナミクスの取り扱いは非常に難しく，系のマクロな振る舞いの時間発展を厳密に記述する理論はない．このことは，7.3 節で議論したように非常に複雑な構造を持つスピングラス相が平衡状態として存在することと密接に関連している．無限に多くの自由エネルギー極小をもつ状態空間の中を動いていく様子を正確に記述するのは容易なことではない．本節では，代表的な近似理論である甘利と馬被(まぎぬ)のダイナミクスを紹介する．

7.5.1　同期的ダイナミクス

時刻 t におけるニューロン i の状態を S_i^t と書くことにする．本節では時刻 t は整数値のみを取るとし，状態更新

$$S_i^{t+1}=\mathrm{sgn}\left(\sum_j J_{ij}S_j^t\right) \tag{7.5.1}$$

が各時刻 $t(=0,1,2,\cdots)$ ですべてのニューロンについて一斉に行われる**同期的ダイナミクス**(synchronous dynamics)を取り扱う．(7.5.1) 式をすべての i に適用して得られた新しい状態 $\{S_i^{t+1}\}$ を右辺の $\{S_i^t\}$ に代入して，次の状態更新を行うのである[*7]．同期的ダイナミクスは，非同期ダイナミクスより取り扱いが容易であり，しかも平衡状態の性質はほとんど同一であることがわかっ

*7　前節までは暗黙のうちに，各 i ごとにばらばらに状態更新する**非同期的ダイナミクス**(asynchronous dynamics）を取り扱っていた．1 つの i だけに (7.5.1) 式を適用し，他の S_i^t は変化させないまま右辺に代入するのである．

ている．

7.5.2 重なりの時間変化

シナプス結合 J_{ij} が通常の Hebb 則 (7.1.4)（ただし $J_{ii}=0$）で与えられているとき，同期的ダイナミクス (7.5.1) で重なり m_μ がどう変化するかを明らかにしよう．もし系のダイナミクスが，重なりを含む数個のパラメータだけについての時間発展方程式で記述できれば，問題は解けたことになる．実際には，ダイナミクスの厳密な記述には無限個のパラメータが必要であり，何らかの近似を導入しないと実用的な取り扱いはできない．**甘利・馬被ダイナミクス**（Amari-Maginu dynamics）においては，重なりに加えて，入力信号の中の雑音部分の分散についての方程式を導く．

初期条件が第 1 番目のパターン $\mu=1$ だけに近い状態であるとしよう．$m_1=m>0$ でその他の $m_\mu=0$ である．このとき S_i への入力信号を，第 1 番目のパターンの想起に寄与する本来の信号部分とその他の雑音部分に分離する．

$$
\begin{aligned}
h_i^t &= \sum_{j\neq i} J_{ij} S_j^t = \frac{1}{N}\sum_{\mu=1}^{p}\sum_{j\neq i}\xi_i^\mu \xi_j^\mu S_j^t \\
&= \frac{1}{N}\sum_{j\neq i}\xi_i^1\xi_j^1 S_j^t + \frac{1}{N}\sum_{\mu\neq 1}\sum_{j\neq i}\xi_i^\mu\xi_j^\mu S_j^t \\
&= \xi_i^1 m_t + N_i^t.
\end{aligned}
\tag{7.5.2}
$$

$\mu=1$ の項が正しい信号 $\xi_i^1 m_t$，残りが雑音 N_i^t である．自分自身からのフィードバック $J_{ii}S_i^t$ は 0 であり，$O(N^{-1})$ の項は省略してある．重なりの時間変化は (7.5.1) 式と (7.5.2) 式より

$$
m_{t+1} = \frac{1}{N}\sum_i \xi_i^1 \mathrm{sgn}\,(h_i^t) = \frac{1}{N}\sum_i \mathrm{sgn}\,(m_t + \xi_i^1 N_i^t) \tag{7.5.3}
$$

と表される．もし雑音項 $\xi_i^1 N_i^t$ が信号 m_t に比べて無視できるほど小さければ，m_t の時間発展は $m_{t+1}=\mathrm{sgn}\,(m_t)$ となり，初期条件の符号に応じて $t=1$ で直ちに $m_1=1$ あるいは $m_1=-1$ に張り付いて変化が停止する．実際には雑音項は無視できず，これから述べるような取り扱いが必要である．

N_i^t は独立な確率変数 ξ_i^μ を含む多数の項の和から構成されているから，和の中の各項が互いに独立なら中心極限定理により Gauss 分布をする．実際は N_i^t

の定義式中の S_j^t は過去の状態更新の際にすべての $\{\xi_i^\mu\}$ の影響を受けているから，和の中の各項は互いに独立であるとは言えない．これにも拘わらず，甘利・馬被ダイナミクスでは N_i^t は平均 0，分散 σ_t^2 の Gauss 分布 $N(0,\sigma_t^2)$ であると仮定して話を進めるのである．これがどの程度よい近似であるかは，結果を見て判断することになる．

N_i^t が分布 $N(0,\sigma_t^2)$ にしたがうなら $\xi_i^1 N_i^t$ も同様である．すると (7.5.3) 式により m_t の時間変化は，N が十分大きい極限で容易に導出できる．

$$m_{t+1}=\int Du\,\mathrm{sgn}\,(m_t+\sigma_t u)=F\left(\frac{m_t}{\sigma_t}\right). \tag{7.5.4}$$

ここで $F(x)=2\displaystyle\int_0^x Du$ である．

7.5.3 分散の時間発展

雑音の分散 σ_t^2 の時間変化がわかれば，(7.5.4) 式と合わせて系のダイナミクスのマクロな変数 m_t と σ_t による記述が完結する．まず，想起しようとしている第 1 番目のパターンを $\xi_i^1=1\,(\forall i)$ としても一般性を失わないことに注意しよう．$S_i\to S_i\xi_i^1$ とゲージ変換をすればよい．これは 5.4.2 節で述べた強磁性ゲージに相当する．

平均（期待値）を $E[\cdots]$ で表すことにすると，N_i^t の分散は

$$\sigma_t^2=E[(N_i^t)^2]=\frac{1}{N^2}\sum_{\mu\neq 1}\sum_{\nu\neq 1}\sum_{j\neq i}\sum_{j'\neq i}E[\xi_i^\mu\xi_i^\nu\xi_j^\mu\xi_{j'}^\nu S_j^t S_{j'}^t]. \tag{7.5.5}$$

和に現れる期待値はインデックスの組み合わせによって 4 種類に分類される．(1) $\mu=\nu,\ j=j'$ のときには $E[\cdots]=1$ である．この条件を満たす項の数は $(p-1)(N-1)$．(2) $\mu\neq\nu,\ j=j'$ なら $E[\cdots]=0$ であり，考慮する必要はない．(3) $\mu=\nu,\ j\neq j'$ の寄与を $v_3\equiv E[\xi_j^\mu\xi_{j'}^\mu S_j^t S_{j'}^t]$ とする．項の数は $(p-1)(N-1)(N-2)$．(4) $\mu\neq\nu,\ j\neq j'$ のときには $v_4\equiv E[\xi_i^\mu\xi_i^\nu\xi_j^\mu\xi_{j'}^\nu S_j^t S_{j'}^t]$ を計算しなければならない．項数は $(p-1)(p-2)(N-1)(N-2)$．

まず v_3 を計算するに当たって，S_j^t と $S_{j'}^t$ の $\xi_j^\mu,\xi_{j'}^\mu$ 依存性をあらわに書いておこう．(7.5.2) 式により

$$S_j^t = \mathrm{sgn}\,(m_{t-1} + Q + \xi_j^\mu R + N^{-1}\xi_j^\mu \xi_{j'}^\mu S_{j'}^{t-1})$$
$$S_{j'}^t = \mathrm{sgn}\,(m_{t-1} + Q' + \xi_{j'}^\mu R + N^{-1}\xi_{j'}^\mu \xi_j^\mu S_j^{t-1}). \qquad (7.5.6)$$

ここで Q, Q', R は

$$Q = \frac{1}{N}\sum_{\nu\neq 1,\mu}\sum_{k\neq j}\xi_j^\nu \xi_k^\nu S_k^{t-1}, \quad Q' = \frac{1}{N}\sum_{\nu\neq 1,\mu}\sum_{k\neq j}\xi_{j'}^\nu \xi_k^\nu S_k^{t-1},$$
$$R = \frac{1}{N}\sum_{k\neq j,j'}\xi_k^\mu S_k^{t-1}. \qquad (7.5.7)$$

甘利・馬被の仮定にしたがうと，これらは互いに独立な Gauss 変数で，平均 0，分散がそれぞれ $\sigma_{t-1}^2, \sigma_{t-1}^2, \sigma_{t-1}^2/p$ である．$\xi_j^\mu = \xi_{j'}^\mu = 1$ のときの v_3 への寄与を Y_{11} とし，$Y_{1-1}, Y_{-11}, Y_{-1-1}$ も同様に定義すると

$$v_3 = \frac{1}{4}(Y_{11} + Y_{1-1} + Y_{-11} + Y_{-1-1}) \qquad (7.5.8)$$

である．最初の 2 項の和を具体的に書き下すと

$$\begin{aligned} &Y_{11} + Y_{1-1} \\ &\quad = \int P(Q)P(Q')P(R)dQdQ'dR \\ &\qquad \times \left\{ \mathrm{sgn}\left(m_{t-1} + Q + R + \frac{S_{j'}^{t-1}}{N}\right) \mathrm{sgn}\left(m_{t-1} + Q' + R + \frac{S_j^{t-1}}{N}\right) \right. \\ &\qquad \left. - \,\mathrm{sgn}\left(m_{t-1} + Q + R - \frac{S_{j'}^{t-1}}{N}\right) \mathrm{sgn}\left(m_{t-1} + Q' - R - \frac{S_j^{t-1}}{N}\right) \right\} \end{aligned} \qquad (7.5.9)$$

である．まず Q と Q' について Gauss 積分を実行すると (7.5.4) 式の下で定義した関数 F が出てくる．F の引数において $R \pm S_{j,j'}^{t-1}/N$ は m_{t-1} に比べて十分小さいとして F を 1 次まで展開すると，R での Gauss 積分が実行できる．$Y_{-11} + Y_{-1-1}$ もまったく同じ答えを与えるから，まとめて結果を書くと

$$Nv_3 = \frac{2}{\pi\alpha}\exp\left(-\frac{m_{t-1}^2}{\sigma_{t-1}^2}\right) + \frac{4m_{t-1}}{\sqrt{2\pi}\sigma_{t-1}}\exp\left(-\frac{m_{t-1}^2}{2\sigma_{t-1}^2}\right)F\left(\frac{m_{t-1}}{\sigma_{t-1}}\right) \qquad (7.5.10)$$

となる．v_4 も同様にして計算でき，

$$N^2 v_4 = \frac{2m_{t-1}^2}{\pi\sigma_{t-1}^2}\exp\left(-\frac{m_{t-1}^2}{\sigma_{t-1}^2}\right) \tag{7.5.11}$$

が導かれる．以上で σ_t^2 が求められたが，分散の計算にもう少し正確を期すためには，2 乗の平均から平均の 2 乗を差し引いておくとよい．この際に v_4 の定義より，$(E[N_i^t])^2 = p^2 v_4$ を使う．結局

$$\sigma_{t+1}^2 = \alpha + \frac{2}{\pi}\exp\left(-\frac{m_{t-1}^2}{\sigma_{t-1}^2}\right) + \frac{4\alpha m_t m_{t+1}}{\sqrt{2\pi}\sigma_t}\exp\left(-\frac{m_{t-1}^2}{2\sigma_{t-1}^2}\right) \tag{7.5.12}$$

となる．(7.5.4) 式と (7.5.12) 式によって m_t と σ_t という 2 つのマクロな量の時間発展が決定される．

7.5.4　甘利・馬被ダイナミクスの適用限界

上に得られた時間発展の式 (7.5.4) と (7.5.12) を具体的に解いてみよう．図 7.8 と 7.9 は，それぞれ $\alpha = 0.08, 0.20$ ときの m_t をいろいろな初期条件について描いたものである．$\alpha = 0.20$ のときには，初期条件によらず $t \to \infty$ で $m_t \to 0$ であり，想起に失敗する．一方 $\alpha = 0.08$ だと初期条件 m_0 がある程度以上大きい（$m_0 > m_{0c}$）と m_t は 1 に漸近して想起が成功する．これらの結果は，シミュレーションと定性的に一致することが確認されている．

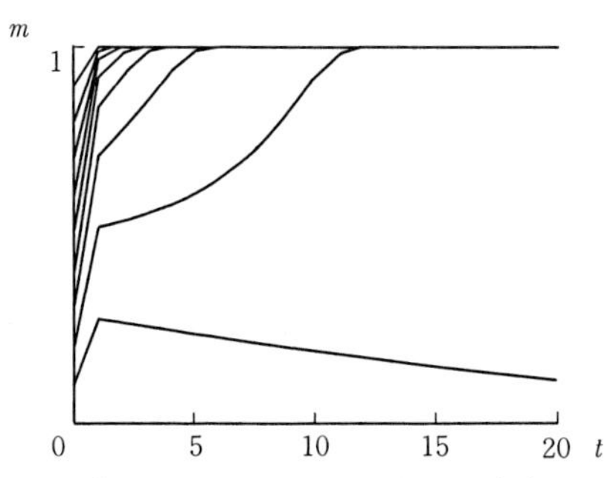

図 **7.8**　同期ダイナミクスによる想起過程（$\alpha = 0.08$）

しかし，より詳細なシミュレーションによると，雑音が Gauss 分布にしたがうという仮定は，想起が成功する場合には近似的に成立しているように見えるが，そうでないときには正しくない．想起ができない場合，系がスピングラス

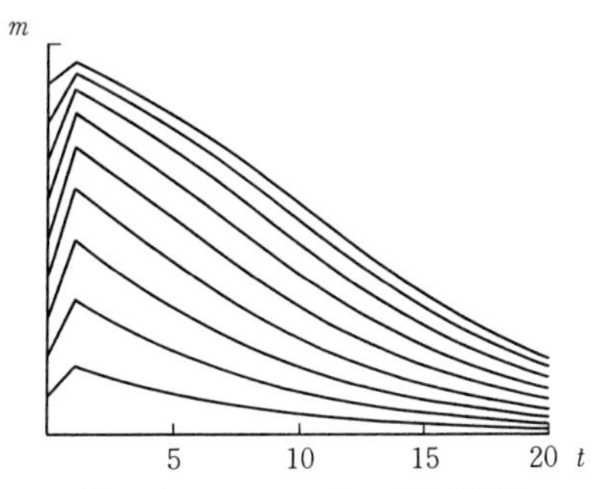

図 **7.9** 同期ダイナミクスによる想起過程($\alpha = 0.20$)

状態になっていることを反映して，非常に複雑な構造を持つ状態空間でのダイナミクスは m_t と σ_t という 2 変数では記述しきれないのである．

α がある値 α_c より大きいと $m_0 = 1$ としても時間発展とともに想起すべきパターンから離れて行ってしまう．この限界値 α_c は，(7.5.4) 式と (7.5.12) 式を数値的に調べると 0.16 であることがわかる．これは，Hopfield 模型において $T = 0$ での想起相の存在限界 $\alpha_c = 0.138$(図 7.6) に対応するはずであるが，これよりやや大きい*8.

これらの問題点の解決への試みとして，1 ステップよりもっと以前の状態まで考慮して分散の時間発展を導出する計算がされている．初期条件の想起限界値 m_{0c} や想起相存在の限界記憶容量 α_c などに関して改善が報告されている．

7.6 パーセプトロンと結合空間の体積

ニューラルネットワークの基本素子であるニューロン 1 個の性能の限界を明らかにしておくことは重要である．この節では，最も簡単な入出力関係を持つ単純パーセプトロンの性質を明らかにする．これまでの節のように多数のニューロンによる連想記憶とはやや観点が違う話である．

*8 同期的ダイナミクスについても平衡状態のレプリカ計算があり，$\alpha_c = 0.138$ という値は同じであることがわかっている．またレプリカ対称性の破れを考慮しても α_c はほとんど変化しない．

7.6.1 単純パーセプトロン

図 7.10 のように，シナプス結合 $J_1, J_2, \cdots, J_N$ を通して N 個の入力 $\xi_1^\mu, \xi_2^\mu, \cdots, \xi_N^\mu$ を受けて，次の式にしたがって出力 σ^μ を出す素子を**単純パーセプトロン**(simple perceptron)という．

$$\sigma^\mu = \mathrm{sgn}\left(\sum_j J_j \xi_j^\mu - \theta\right). \tag{7.6.1}$$

ここで θ は閾値，$\mu(=1, 2, \cdots, p)$ は単純パーセプトロンで実現させたい入出力パターンの番号である．以下，$\xi_j^\mu, \sigma^\mu = \pm 1$ とする．このとき単純パーセプトロンの働きは，入力された p 個のパターンを $\sigma^\mu = 1$ のものと -1 のものとに分類することである．

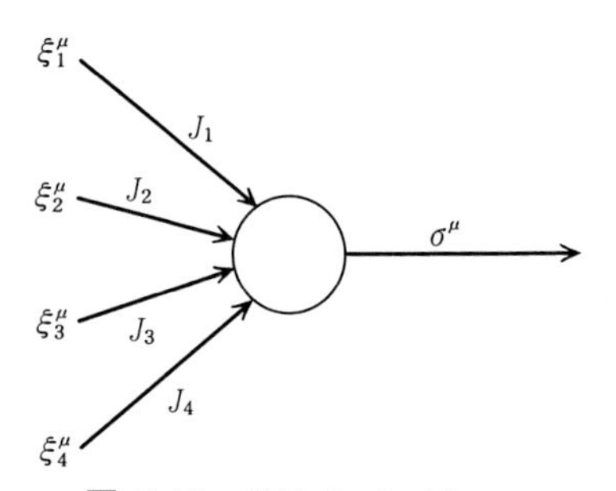

図 7.10　単純パーセプトロン

$N = 2$ で例示しよう．図 7.11 のように J_1, J_2, θ を適切に取れば，ベクトル (J_1, J_2) と直交する点線上で $\sum_j J_j \xi_j^\mu - \theta = 0$ になるから，黒丸の入力 $\xi_1^1 = \xi_2^1 = 1$ に対して $\sigma^1 = 1$，そのほかの白丸には $\sigma^\mu = -1$ を出すように白と黒が直線(図の点線)で分離できる．しかし，同じ図で黒が 2 つ $(1, 1)$ と $(-1, -1)$ にあって残りの 2 つが白になっていれば，どんな直線を引いても白と黒には分離できない．このように，単純パーセプトロンで実現できる分類課題は，$\{\xi_i^\mu\}$ 空間を 1 枚の超平面で 2 分割するものに限られる．この条件は，**線形分離可能性**(linear separability)と呼ばれる．

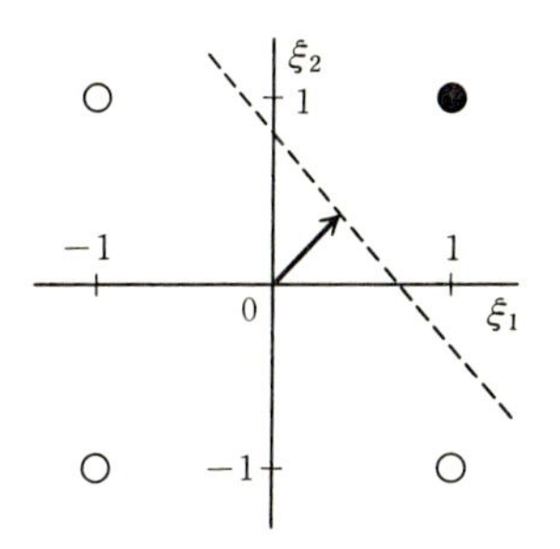

図 7.11　線形分離可能な課題．矢印はベクトル (J_1, J_2) を表す．

7.6.2　パーセプトロン学習

線形分離可能性の制約があるものの，単純パーセプトロンは次章で詳説する学習理論の研究上非常に重要である．**学習**(learning)というのは，実現したい入出力関係の例を与えながら，結合 $\{J_j\}$ を徐々に変化させていき，すべての入出力関係が正しく再現されるように素子あるいはネットワークの性質を調整することをいう．以後，簡単のために (7.6.1) 式で $\theta = 0$ とする．

初期条件としてランダムに結合を与えると，当然ながら正しい入出力関係はうまく実現しない．しかし，次のような**学習則**(learning rule)(結合の調整の規則)を適用しながらいろいろな例を与え続けると，例がすべて線形分離可能であり N が有限なら，やがてはすべての入出力関係が正しく再現されるようになることが証明されている(収束定理)．

$$J_j(t+\Delta t) = J_j(t) + \begin{cases} 0 & (\text{与えられた例が正しく実現された場合}) \\ \eta\sigma^\mu\xi_j^\mu & (\text{出力が逆符号だった場合}). \end{cases} \tag{7.6.2}$$

これを**パーセプトロン学習則**(perceptron learning rule)という．ここで η は正の微小定数である．パーセプトロン学習則の収束定理の証明は省略するが，(7.6.2) 式を適用すると，誤っていた場合には入力信号の総和 $\sum_j J_j\xi_j^\mu$ が $\eta\sigma^\mu N$ だけ増加し，出力 $\mathrm{sgn}\,(\sum_j J_j\xi_j^\mu)$ が正しい結果 σ^μ になりやすくなることに注意しておく．

7.6.3　パーセプトロンの容量

単純パーセプトロンで学習が十分進んだときに，どのくらいの数の入出力パターン p を正しく再現できるかを考えてみよう．N が非常に大きい場合を取り扱うために，入力信号を $\sqrt{N}$ で規格化した次の入出力関係で以後の話を進める．

$$\sigma^\mu = \mathrm{sgn}\left(\frac{1}{\sqrt{N}}\sum_j J_j \xi_j^\mu\right). \tag{7.6.3}$$

さらに，J_j は規格化条件 $\sum_{j=1}^{N} J_j^2 = N$ を満たしているとする．

さて，単純パーセプトロンに $\mu = 1, 2, 3, \cdots$ と次々に課題を与えていくと，それらを (7.6.3) 式によって正しく再現できる $\{J_j\}$ の領域は，規格化条件を満たす $\{J_j\}$ の部分空間の中で次第に狭まっていく．そしてある限度を超えると，どんな $\{J_j\}$ を選んでもうまくいかない（入出力関係を正しく再現できない）課題が必ず出てくるようになる．この限界のパターン数 p をパーセプトロンの容量（capacity）といい，$2N$ であることがわかっている．以下，スピングラスでの計算法を応用して，これをやや一般化した結果を導いてみる．

μ 番目の入出力関係が正しく実現されるための条件は (7.6.3) 式の両辺に σ^μ をかけるとわかるように

$$\Delta^\mu \equiv \frac{\sigma^\mu}{\sqrt{N}}\sum_j J_j \xi_j^\mu > 0 \tag{7.6.4}$$

である．これを少し一般化して，右辺を正の定数 κ で置き換え

$$\Delta^\mu > \kappa \tag{7.6.5}$$

を満たす $\{J_j\}$ の部分空間の体積を求めよう．(7.6.4) 式だと左辺が 0 に非常に近くなるものも許すから，正しい入力値 $\{\xi_j^\mu\}$ からわずかにずれている場合には Δ^μ が負になって出力が誤りになる可能性がある．それに対して，(7.6.5) 式では入力に少々間違いがあっても（つまり少々雑音が入っていても）Δ^μ の符号には影響が出にくく，出力が違ってくる可能性は小さい．したがって，κ が大きければ大きいほど入力の誤りに対する訂正能力が高いことになる．

規格化条件を考慮すると，(7.6.5) 式を満たす $\{J_j\}$ が全空間に占める割合（**Gardner 体積**（Gardner volume））は次の式で表現できる．

$$V = \frac{1}{V_0}\int \prod_j dJ_j \delta(\sum_j J_j^2 - N) \prod_\mu \Theta(\Delta^\mu - \kappa), \;\; V_0 = \int \prod_j dJ_j \delta(\sum_j J_j^2 - N). \tag{7.6.6}$$

ここで $\Theta(x)$ は $x>0$ なら 1，$x<0$ なら 0 の階段関数である．

ランダムな入出力関係についての典型的な振る舞いを調べるために，スピングラスの理論と同様に，N に比例する量 $\log V$ のランダムな数 ξ_i^μ, σ^μ についての配位平均を計算する必要がある．レプリカ法により，V^n の平均を求め，$n \to 0$ とすればよい．

$$[V^n] = \left[\frac{1}{V_0^n}\int \prod_{j,\alpha} dJ_j^\alpha \delta\left(\sum_j (J_j^\alpha)^2 - N\right) \prod_{\alpha,\mu} \Theta\left(\frac{\sigma^\mu}{\sqrt{N}}\sum_j J_j^\alpha \xi_j^\mu - \kappa\right)\right]. \tag{7.6.7}$$

7.6.4 レプリカ表現

(7.6.7) 式の計算を進めるために，階段関数の積分表現

$$\Theta(y-\kappa) = \int_\kappa^\infty \frac{d\lambda}{2\pi}\int_{-\infty}^\infty dx\, e^{ix(\lambda - y)} \tag{7.6.8}$$

を使い，$\{\xi_i^\mu\}$ に関する平均 $[\cdots]$ を実行すると

$$\begin{aligned}
&\left[\prod_{\alpha,\mu}\Theta\left(\frac{\sigma^\mu}{\sqrt{N}}\sum_j J_j^\alpha \xi_j^\mu - \kappa\right)\right] \\
&= \int_{-\infty}^\infty \prod_{\alpha,\mu} dx_\mu^\alpha \int_\kappa^\infty \prod_{\alpha,\mu} d\lambda_\mu^\alpha \exp\left\{i\sum_{\alpha,\mu} x_\mu^\alpha \lambda_\mu^\alpha + \sum_{j,\mu}\log\cos\left(\frac{\sigma^\mu}{\sqrt{N}}\sum_\alpha x_\mu^\alpha J_j^\alpha\right)\right\} \\
&\approx \left\{\int_{-\infty}^\infty \prod_\alpha dx^\alpha \int_\kappa^\infty \prod_\alpha d\lambda^\alpha \right. \\
&\qquad \left. \times \exp\left(i\sum_\alpha x^\alpha \lambda^\alpha - \frac{1}{2}\sum_\alpha (x^\alpha)^2 - \sum_{(\alpha\beta)} q_{\alpha\beta} x^\alpha x^\beta\right)\right\}^p
\end{aligned} \tag{7.6.9}$$

となる．ここで 2π のべきは重要でないから省略し，また $q_{\alpha\beta} = N^{-1}\sum_j J_j^\alpha J_j^\beta$ とおいた．さらに x が十分小さいときに成立する式 $\log\cos(x) \approx -x^2/2$ を使った．$(\alpha\beta)$ は $n(n-1)/2$ 個の異なるレプリカを表す．$q_{\alpha\beta}$ は結合の空間でのスピ

ングラス秩序パラメータと解釈できる．

規格化条件 $\sum_j J_j^2 = N$ と $q_{\alpha\beta}$ の定義にデルタ関数の Fourier 表現を使うと

$$
\begin{aligned}
[V^n] = V_0^{-n} \int \prod_{(\alpha\beta)} dq_{\alpha\beta} dF_{\alpha\beta} \prod_{\alpha} dE_\alpha \prod_{j,\alpha} dJ_j^\alpha \{(7.6.9)\text{ 式 }\} \\
\times \exp \Bigg\{ -iN \sum_\alpha E_\alpha - iN \sum_{(\alpha\beta)} F_{\alpha\beta} q_{\alpha\beta} \\
+ i \sum_\alpha E_\alpha \sum_j (J_j^\alpha)^2 + i \sum_{(\alpha\beta)} F_{\alpha\beta} \sum_j J_j^\alpha J_j^\beta \Bigg\} \\
= V_0^{-n} \int \prod_{(\alpha\beta)} dq_{\alpha\beta} dF_{\alpha\beta} \prod_\alpha dE_\alpha e^{NG} \qquad (7.6.10)
\end{aligned}
$$

が得られる．ただし

$$
G = \alpha G_1(q_{\alpha\beta}) + G_2(F_{\alpha\beta}, E_\alpha) - i \sum_\alpha E_\alpha - i \sum_{(\alpha\beta)} F_{\alpha\beta} q_{\alpha\beta} \qquad (7.6.11)
$$

とし，この中で

$$
\begin{aligned}
G_1(q_{\alpha\beta}) = \log \int_{-\infty}^{\infty} \prod_\alpha dx^\alpha \int_\kappa^\infty \prod_\alpha d\lambda^\alpha \\
\times \exp \left(i \sum_\alpha x^\alpha \lambda^\alpha - \frac{1}{2} \sum_\alpha (x^\alpha)^2 - \sum_{(\alpha\beta)} q_{\alpha\beta} x^\alpha x^\beta \right) \qquad (7.6.12)
\end{aligned}
$$

$$
\begin{aligned}
G_2(F_{\alpha\beta}, E_\alpha) \\
= \log \int_{-\infty}^{\infty} \prod_\alpha dJ^\alpha \exp i \left(\sum_\alpha E_\alpha (J^\alpha)^2 + \sum_{(\alpha\beta)} F_{\alpha\beta} J^\alpha J^\beta \right) \qquad (7.6.13)
\end{aligned}
$$

とおいた．(7.6.11) 式の $G_1(q_{\alpha\beta})$ の係数の $\alpha(=p/N)$ をレプリカ番号と混同しないよう注意してほしい．

7.6.5　レプリカ対称解

(7.6.12) 式と (7.6.13) 式の計算をさらに進めるために，レプリカ対称性 $q_{\alpha\beta} = q$，$F_{\alpha\beta} = F$，$E_\alpha = E$ を仮定しよう．(7.6.12) 式に現れる積分を I_1 とすると，これはレプリカ対称性が成立していれば次のように簡単化される．

$$
\begin{aligned}
I_1 &= \int_{-\infty}^{\infty} \prod_\alpha dx^\alpha \int_\kappa^\infty \prod_\alpha d\lambda^\alpha \exp\left(i \sum_\alpha x^\alpha \lambda^\alpha - \frac{1-q}{2} \sum_\alpha (x^\alpha)^2 - \frac{q}{2} (\sum_\alpha x^\alpha)^2 \right) \\
&= \int_{-\infty}^{\infty} \prod_\alpha dx^\alpha \int_\kappa^\infty \prod_\alpha d\lambda^\alpha \\
&\quad \times \int Dy \exp\left(i \sum_\alpha x^\alpha \lambda^\alpha - \frac{1-q}{2} \sum_\alpha (x^\alpha)^2 + iy\sqrt{q} \sum_\alpha x^\alpha \right) \\
&= \int Dy \left\{ \int_{-\infty}^{\infty} dx \int_\kappa^\infty d\lambda \exp\left(-\frac{1-q}{2} x^2 + ix(\lambda + y\sqrt{q}) \right) \right\}^n . \quad (7.6.14)
\end{aligned}
$$

この式の最後のカッコ $\{\cdots\}$ 内を $L(q)$ とし，x での積分を実行すれば

$$
L(q) = \int_\kappa^\infty d\lambda \frac{1}{\sqrt{1-q}} \exp\left(-\frac{(\lambda + y\sqrt{q})^2}{2(1-q)} \right) = 2\sqrt{\pi}\, \mathrm{Erfc}\left(\frac{\kappa + y\sqrt{q}}{\sqrt{2(1-q)}} \right) \quad (7.6.15)
$$

を得る．$\mathrm{Erfc}(x)$ は補誤差関数 $\int_x^\infty e^{-t^2} dt$ である．したがって $n \to 0$ の極限で，(7.6.12) 式の $G_1(q_{\alpha\beta})$ は

$$
G_1(q) = n \int Dy \log L(q) \quad (7.6.16)
$$

と表される．

一方，$G_2(F, E)$ に現れる J に関する積分は，指数関数の肩が J の 2 次形式であることを使って多重 Gauss 積分により容易に求められる．J の 2 次形式 $E \sum_\alpha (J^\alpha)^2 + F \sum_{(\alpha\beta)} J^\alpha J^\beta$ の固有値は，$E + (n-1)F/2$ が縮退なし，$E - F/2$ が $(n-1)$ 重縮退だから，G_2 は自明な定数を除いて次のようになる．

$$
\begin{aligned}
G_2(F, E) &= -\frac{1}{2} \log\left(E + \frac{n-1}{2} F \right) - \frac{n-1}{2} \log\left(E - \frac{F}{2} \right) \\
&\to -\frac{n}{2} \log\left(E - \frac{F}{2} \right) - \frac{nF}{4E - 2F}. \quad (7.6.17)
\end{aligned}
$$

(7.6.16) 式と (7.6.17) 式を (7.6.11) 式に代入すると

$$
\frac{1}{n} G = \alpha \int Dy \log L(q) - \frac{1}{2} \log\left(E - \frac{F}{2} \right) - \frac{F}{4E - 2F} - iE + \frac{i}{2} Fq \quad (7.6.18)
$$

が導かれる．

鞍点法により $N \to \infty$ では G を変数 E, F について極値化する条件 $\partial G/\partial E = \partial G/\partial F = 0$ より E, F を消去できる．

$$E = \frac{i(1-2q)}{2(1-q)^2}, \quad F = -\frac{iq}{(1-q)^2}. \tag{7.6.19}$$

これより (7.6.18) は q のみで書けて，自明な定数をのぞいて

$$\frac{1}{n}G = \alpha \int Dy \log L(q) + \frac{1}{2}\log(1-q) + \frac{1}{2(1-q)} \tag{7.6.20}$$

と表される．

パターン数 p が小さいうちはいろいろな結合が許されるが，容量の限界値に近づいたときには $\{J_j\}$ にはほとんど選択の余地がなくなり，最後には 1 種類だけになる．このとき，q は定義 $N^{-1}\sum_j J_j^\alpha J_j^\beta$ より 1 になるから，パーセプトロンの容量 α の限界値を求めるには (7.6.20) 式を q について極値化して $q \to 1$ とおけばよい．補誤差関数の漸近形 $\mathrm{Erfc}(x) \approx e^{-x^2}/2x$（$x \to \infty$）を使って

$$\frac{1}{2(1-q)^2} = \frac{\alpha}{2(1-q)^2}\int_{-\kappa}^{\infty} Dy\,(\kappa+y)^2 \tag{7.6.21}$$

が得られる．容量は，結局

$$\alpha_\mathrm{c}(\kappa) = \left\{\int_{-\kappa}^{\infty} Dy\,(\kappa+y)^2\right\}^{-1} \tag{7.6.22}$$

となる．特に $\kappa \to 0$ では $\alpha_\mathrm{c}(0) = 2$ である．これが 7.6.3 節の最初に述べた容量 $2N$ に対応している．図 7.12 に示したように，$\alpha_\mathrm{c}(\kappa)$ は単調減少関数である．

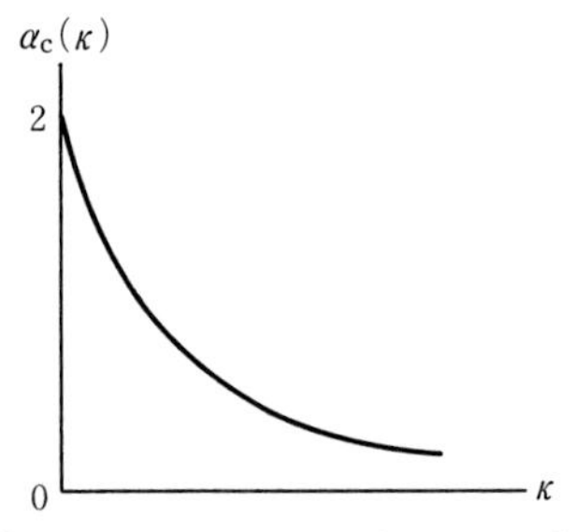

図 7.12　単純パーセプトロンの容量

なお，AT 線の議論からレプリカ対称解は $\alpha < 2$ で安定であることがわかっている．

7.6.6　非単調パーセプトロンの容量

単純パーセプトロンは線形分離可能な課題しか処理できない．もっと高度な課題を取り扱うには,より複雑な構造を持つ素子(ニューロン)を使うか，多数のパーセプトロンを組み合わせたネットワークを導入しなければならない．単純パーセプトロンの最も簡単な拡張としてしばしば取り上げられる，図 7.13 に示したような入出力関係を持つ素子の容量を考察してみよう．入力信号 $\boldsymbol{h}$ が $h < -a$, $0 < h < a$ では出力 1，そのほかの区間では -1 である．$a \to \infty$ で単純パーセプトロンに帰着する．この**非単調パーセプトロン**(non-monotonic perceptron)は，図 7.14 に示したように，出力 $\mathrm{sgn}\,(-h+a)$, $\mathrm{sgn}\,(-h)$, $\mathrm{sgn}\,(-h-a)$ を持つ 3 個の単純パーセプトロンの出力を受け，それらの積を最終出力とする 2 層のネットワークと見なすこともできる．

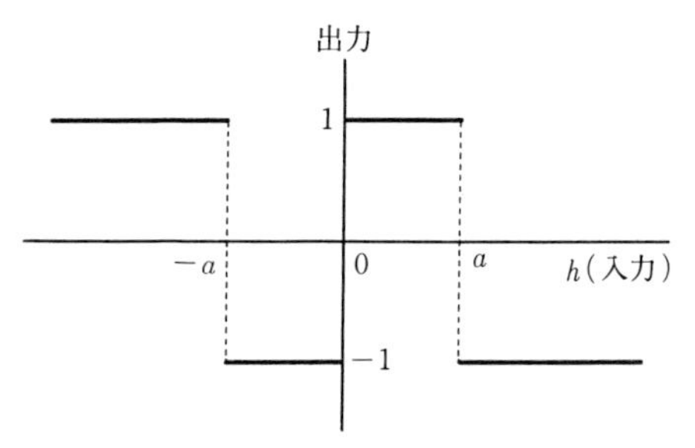

図 7.13　非単調パーセプトロンの入出力関係

a というパラメータの導入によって構造が複雑になった分，情報処理能力が上がるものと期待される．実際に，容量という面からどのくらいの性能向上が見られるかを調べてみる．単純パーセプトロンの場合，7.6.3 節で見たように $\Delta^{\mu} > 0$ を満たす部分空間の体積から容量 α_{c} が決められた($\kappa = 0$ とする)．非単調パーセプトロンについてもこれと同様に，$\Delta^{\mu} < -a$, $0 < \Delta^{\mu} < a$ を満たす部分空間の体積を計算すればよい．この条件は，3 つの階段関数の組み合わせ

$$\Theta_a(\Delta^{\mu}) \equiv \Theta(\Delta^{\mu}) - \Theta(\Delta^{\mu} - a) + \Theta(-\Delta^{\mu} - a) \qquad (7.6.23)$$

を使って (7.6.6) 式と同じ形に書ける．

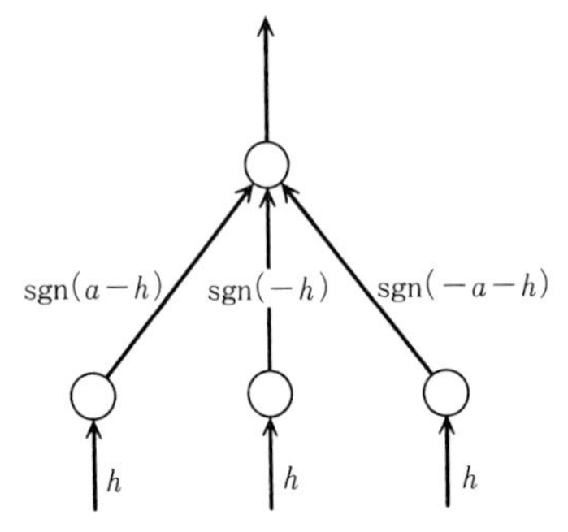

図 7.14 2層ネットワークとしての非単調パーセプトロン

$$V = \frac{1}{V_0} \int \prod_j dJ_j \delta(\sum_j J_j^2 - N) \prod_\mu \Theta_a(\Delta^\mu). \tag{7.6.24}$$

これ以後の計算は，7.6.3節とほとんど同じである．唯一の違いは，(7.6.8) 式で出てくる λ の積分区間が，$\kappa < \lambda < \infty$ の代わりに

$$\int_{I_a} \equiv \int_{-\infty}^{-a} + \int_0^a \tag{7.6.25}$$

になることである．したがって，(7.6.12) 式で λ^α の積分区間を (7.6.25) 式で置き換えるだけで，(7.6.11)-(7.6.13) 式はそのまま成立する．

レプリカ対称解は (7.6.20) 式に相当して

$$\frac{1}{n} G_a = \alpha \int Dy \log L_a(q) + \frac{1}{2} \log(1-q) + \frac{1}{2(1-q)} \tag{7.6.26}$$

である．ここで

$$L_a(q) = \int_{I_a} d\lambda \frac{1}{\sqrt{1-q}} \exp\left(-\frac{(\lambda + y\sqrt{q})^2}{2(1-q)} \right) \tag{7.6.27}$$

とした．容量を求めるために，G_a を極値化して，$q \to 1$ とおく．この極限操作の計算は多少込み入っているが，結果は

$$\alpha_c(a) = \left\{ \int_0^{a/2} Dy\, y^2 + \int_{a/2}^\infty Dy\, (a-y)^2 \right\}^{-1} \tag{7.6.28}$$

となる．図 7.15 に示したように，a の関数として $\alpha_c(a)$ は $a \approx 1.2$ で 10 を超える値を持ち，単純パーセプトロンの 2 に比べて大幅な容量増加になっている．

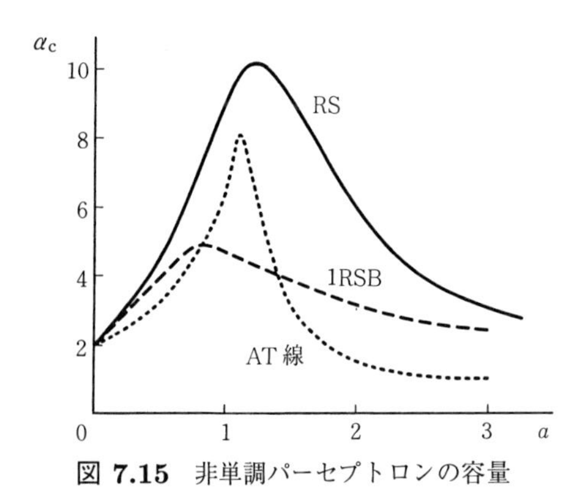

図 7.15　非単調パーセプトロンの容量

しかしながら，$0 < a < \infty$ の場合にはレプリカ対称解は不安定であることがわかっている．第 1 段階の RSB で求めた容量も図 7.15 に記入してあり，レプリカ対称解よりは小さくなっている．実際は第 1 段階の RSB も不安定であり，おそらく完全な RSB を計算しなければきちんとした結果は得られないものと考えられる．しかし，定性的な側面に限れば，$a \to \infty$ の単純パーセプトロンにくらべて非単調パーセプトロンは a が 1 の付近で容量がかなり増大するという結論には定性的には問題がないであろう．

学習の理論

前章のパーセプトロンの項では任意のランダムな入出力関係を与えたときの単純パーセプトロンの容量を計算した．学習の問題は，この容量の問題とやや類似している．ランダムな入出力関係ではなく，別のパーセプトロンの入出力関係を模倣するのである．例題の個数と正答率の関係を，結合の変化の規則（学習則）に応じて求めるのが学習の理論の主な目的である．

8.1　学習と汎化誤差

8.1.1　学習とは

パーセプトロンを 2 個用意し，片方を教師機械，もう一方を生徒機械と呼ぶことにする．単に**教師**(teacher)と**生徒**(student)ということも多い．入力は共通で $\{\xi_j\}$ であるが，結合が異なるために出力が違ってくる．教師の結合を $\{B_j\}$，生徒の結合を $\{J_j\}$ とする（図 8.1）．生徒は，入力に対する教師の出力と自分の出力を比べて必要に応じて自分の結合を修正し，出力が教師と同じになるように構造を変化させる．教師は不変である．このような手続きを**教師付き学習**(supervised learning)という．変化させるのは生徒の結合 $\{J_j\}$ であるが，変化のためのデータとして与えられるのは教師の出力である．教師の内部構造（結合）を知ることなく，その入出力関係だけから教師の機能を模倣する生徒を育てるのである．

教師付き学習にも 2 つのタイプがある．**バッチ学習**(batch learning)（**オフライン学習**(off-line learning)）では，与えられた一定数の入力の組（例題）についての教師の出力（正解）を，生徒は繰り返し学習する．一定数の例題と正解の組

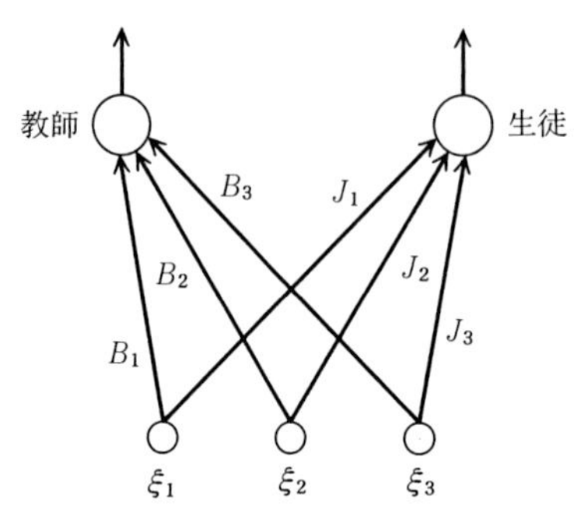

図 8.1　教師機械と生徒機械

が再現できるような結合が実現したら，例題数を増やしてさらに学習をさせる．これを繰り返す．例題にはきちんと答えられるようになるが，学習に必要な時間は膨大である．また，例題を蓄えておくための大きな記憶容量も必要である．

一方，**オンライン学習**(on-line learning)においては 1 つの例題が与えられたらそれに応じてすぐに結合を変化させ，その例題は忘れてしまって 2 度と使わない．過去に出てきた例題についても必ずしも確実には答えられないという欠点はあるが，学習時間や記憶容量の点でメリットが大きい．また，例えば教師の構造が時間とともに変化する場合などのように時間とともに環境が変化しても追随ができる．

8.1.2　汎化誤差

新たな例題に対して生徒が誤った答えを出す確率を**汎化誤差**(generalization error)という．一般には，例題数が増えるにつれて誤る確率は低下する．汎化誤差がすでに与えられた例題数の関数としてどのように振舞うかを解明することが，学習理論の重要な課題の 1 つである．

生徒と教師への入力信号をそれぞれ u, v とする．

$$u = \sum_{j=1}^{N} J_j \xi_j, \quad v = \sum_{j=1}^{N} B_j \xi_j. \tag{8.1.1}$$

生徒，教師ともに単純パーセプトロンなら出力はそれぞれ $\mathrm{sgn}(u), \mathrm{sgn}(v)$ である．生徒と教師の結合は $\sum_j J_j^2 = \sum_j B_j^2 = N$ と規格化されており，入力ベクトルは各引数ごとに独立な確率変数であるとする．すなわち $[\xi_i\xi_j] = \delta_{ij}/N$ である．生徒と教師の結合ベクトルの重なりを R で表す．

$$R = \frac{1}{N}\sum_j B_j J_j. \tag{8.1.2}$$

学習が進行して生徒の構造が教師に近くなってくると，$J_j \approx B_j$ だから R が 1 に近づく．

成分数 N が十分大きい極限では，中心極限定理により u, v は平均 0，分散が 1 で共分散(積 uv の平均)が R の Gauss 分布にしたがう．

$$P(u,v) = \frac{1}{2\pi\sqrt{1-R^2}} \exp\left(-\frac{u^2+v^2-2Ruv}{2(1-R^2)}\right). \tag{8.1.3}$$

汎化誤差 ϵ_g は $\mathrm{sgn}(u)$ と $\mathrm{sgn}(v)$ が反対になる確率であるから，$P(u,v)$ を $uv<0$ の空間で積分することによって得られる．

$$\epsilon_g = E(R) \equiv \int dudv\, P(u,v)\Theta(-uv) = \frac{1}{\pi}\tan^{-1}\left(\frac{\sqrt{1-R^2}}{R}\right). \tag{8.1.4}$$

ここで Θ は階段関数である．

(8.1.4) 式は次のように考えると簡単に理解できる．教師は，結合ベクトル $\{B_j\}$ に垂直な面 $S_B : \sum_j B_j\xi_j = 0$ より上にある入力ベクトル ($\sum_j B_j\xi_j > 0$) には 1 を，下の入力 ($\sum_j B_j\xi_j < 0$) には -1 を出力する．生徒も同様に，結合ベクトル $\{J_j\}$ に垂直な面 S_J を基準にして出力を決定する．したがって，生徒が誤りを出す確率 (汎化誤差) は，S_B と S_J で囲まれた部分の割合になる(図 8.2)．

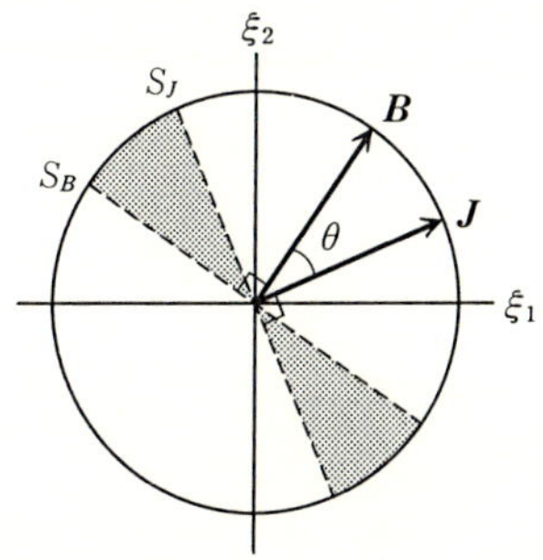

図 8.2 教師と生徒の結合ベクトルと誤りを与える入力集合

それゆえ $\{B_j\}$ と $\{J_j\}$ のなす角を θ とすると，汎化誤差は $2\theta/2\pi$ である．$\{B_j\}$ と $\{J_j\}$ の内積 R を使うと，θ/π は (8.1.4) 式で表される．

8.2　バッチ学習

まずバッチ学習における**学習曲線**（learning curve）を求める．学習曲線とは，汎化誤差を例題数の関数として表したものである．

8.2.1　最小誤りアルゴリズム

汎化誤差を例題数の関数として求めるには，(8.1.4) 式より，内積 R と例題数の関係がわかればよい．p 個の例題が与えられたときの生徒出力の誤りの個数を U と書こう．

$$U = \sum_{\mu=1}^{p} \Theta(-u_\mu v_\mu). \tag{8.2.1}$$

前章の (7.6.6) 式と同様に，次の量を考えると便利である．

$$V = \frac{1}{V_0} \int \prod_j dJ_j \delta(\sum_j J_j^2 - N) \exp(-\beta U). \tag{8.2.2}$$

最小誤りアルゴリズム（minimum-error algorithm）ではバッチ学習の基本に忠実に，すでに与えられた例題に対する誤りを 0 に抑えるよう生徒の結合を調整する．$\beta \to \infty$ では $U = 0$ だけが許されるから，この極限での V を求めればよい．

クエンチされたランダムな入力ベクトルについての配位平均を求めることにより，系のマクロな性質が明らかにされる．このためにはレプリカ法を使って，V を n 乗した量の平均値を秩序パラメータ $q_{\alpha\beta}$ を導入して表現するとよい．以下，V_0 は積極的な役割を果たさないので省略する．Θ が 0 か 1 であることに注意すると次式が得られる．

$$\begin{aligned}[V^n] = &\int \prod_\alpha dR_\alpha \int \prod_{(\alpha\beta)} dq_{\alpha\beta} \int \prod_{\alpha,j} dJ_j^\alpha \\ &\times \prod_\alpha \delta(\sum_j (J_j^\alpha)^2 - N) \prod_\alpha \delta(\sum_j B_j J_j^\alpha - NR^\alpha) \prod_{(\alpha\beta)} \delta(\sum_j J_j^\alpha J_j^\beta - Nq_{\alpha\beta})\end{aligned}$$

$$\times \left[\prod_{\alpha,\mu} \{ e^{-\beta} + (1 - e^{-\beta}) \Theta(u_\mu^\alpha v_\mu) \} \right]. \tag{8.2.3}$$

次節でこの式を具体的に評価する．

8.2.2 レプリカ計算

(8.2.3) 式の計算を進めるために，入力信号に依存していない前半部分（デルタ関数の部分）と依存している後半部分（$[\cdots]$ の項）に分けて考える．前半部分を I_1^N とし，3 種類のデルタ関数を Fourier 表現してレプリカ対称性を仮定すると

$$\begin{aligned} I_1^N = \int \prod_{\alpha,j} dJ_j^\alpha \exp i \Bigg\{ & E \sum_{\alpha,j} (J_j^\alpha)^2 + F \sum_{(\alpha\beta),j} J_j^\alpha J_j^\beta + G \sum_{\alpha,j} J_j^\alpha B_j \\ & - N \left(nE + \frac{n(n-1)}{2} qF + nRG \right) \Bigg\}. \end{aligned} \tag{8.2.4}$$

ここで，パラメータ R, q, E, F, G については鞍点法を使うことを予期して，積分を省略してある．

上式の積分は j ごとに独立に実行できる．(7.6.13) 式とは G が入っている分だけ異なっているが，基本的な計算法は同じである．2 次形式を対角化し，各固有モードごとに独立に Gauss 積分を実行する．j を固定したとき，G の入った項が $GB_j \sum_\alpha J_j^\alpha$ という形（すなわち α について一様な和）になることにより，対角化した表現では一様モード（固有値 $E + (n-1)F/2$）に線形項が入ってくることに注意する．すなわち，j を固定すれば一様モード $u(= \sum_\alpha J_j^\alpha)$ の 2 次形式への寄与は

$$i \left(E + \frac{n-1}{2} F \right) u^2 + iGB_j u \tag{8.2.5}$$

である．これを u について平方完成して j について和を取ると $-iG^2N/\{4(E + (n-1)F/2)\}$ が得られる．よって $n \to 0$ の極限で

$$g_1(E, F, G) \equiv \frac{1}{nN} \log I_1^N$$

$$= -\frac{1}{2}\log\left(E - \frac{F}{2}\right) - \frac{F}{4E-2F} - \frac{iG^2}{4E-2F} - iE - iGR + i\frac{qF}{2} \tag{8.2.6}$$

となる．$g_1(E,F,G)$ を E,F,G について極値化する条件から

$$2E - F = \frac{i}{1-q}, \quad \frac{F+iG^2}{-2E+F} = \frac{q}{1-q}, \quad iG = \frac{R}{1-q} \tag{8.2.7}$$

が導かれ，これを使って (8.2.6) 式から E,F,G を消去すると自明な定数を除いて次の式になる．

$$g_1 = \frac{1}{2}\log\ (1-q) + \frac{1-R^2}{2(1-q)}. \tag{8.2.8}$$

次に，(8.2.3) 式の後半部分 I_2^N は μ ごとに分解されることに注意し，その 1 つ分を書くと

$$(I_2^N)^{1/p} = \left[2\Theta(v)\prod_\alpha\{e^{-\beta} + (1-e^{-\beta})\Theta(u^\alpha)\}\right] \tag{8.2.9}$$

である．ここで，$u>0$, $v>0$ からの寄与と $u<0$, $v<0$ からの寄与は同じだから，前者だけを書いて 2 倍してある．ところで，u と v は次のような相関を持つ Gauss 確率変数である．

$$[u^\alpha u^\beta] = (1-q)\delta_{\alpha,\beta} + q, \quad [vu^\alpha] = R, \quad [v^2] = 1. \tag{8.2.10}$$

これらは，互いに相関のない $n+2$ 個の Gauss 変数 $t, z^\alpha\,(\alpha = 0,\cdots,n)$（平均 0，分散 1）により次のように表現できる．

$$v = \sqrt{1 - \frac{R^2}{q}}\,z^0 + \frac{R}{\sqrt{q}}t, \quad u^\alpha = \sqrt{1-q}\,z^\alpha + \sqrt{q}t \quad (\alpha = 1,\cdots,n). \tag{8.2.11}$$

これらを使って (8.2.9) 式を表現すると

$$\begin{aligned}(I_2^N)^{1/p} &= 2\int Dt\int Dz^0\Theta\left(\sqrt{1-\frac{R^2}{q}}\,z^0 + \frac{R}{\sqrt{q}}t\right)\\ &\quad\times\prod_{\alpha=1}^n\int Dz^\alpha\{e^{-\beta} + (1-e^{-\beta})\Theta(\sqrt{1-q}\,z^\alpha + \sqrt{q}t)\}\\ &= 2\int Dt\int_{-Rt/\sqrt{q-R^2}}^\infty Dz^0\end{aligned}$$

$$\times\left\{\int Dz\{e^{-\beta}+(1-e^{-\beta})\Theta(\sqrt{1-q}\,z+\sqrt{q}t)\}\right\}^n. \quad (8.2.12)$$

(8.2.8) 式と (8.2.12) 式を合わせて $n \to 0$ とすると,

$$\begin{aligned} f &\equiv \lim_{n\to 0}\frac{1}{nN}\log[V^n] \\ &= 2\alpha\int Dt\int_{-Rt/\sqrt{q-R^2}}^{\infty} Dz^0 \log\int Dz\,\{e^{-\beta} \\ &\quad +(1-e^{-\beta})\Theta(\sqrt{1-q}\,z+\sqrt{q}t)\}+\frac{1}{2}\log\,(1-q)+\frac{1-R^2}{2(1-q)} \end{aligned} \quad (8.2.13)$$

が得られる．ここで1自由度あたりの例題数を $\alpha(=p/N)$ とした．(8.2.13) 式の R と q に関する極値条件から R と q が決まる．

8.2.3 最小誤りアルゴリズムの汎化誤差

最小誤りアルゴリズムによる汎化誤差を調べるために，(8.2.13) 式で $\beta \to \infty$ とおいて変数変換

$$u=\frac{R}{\sqrt{q}}z^0-\sqrt{\frac{q-R^2}{q}}t, \quad v=\sqrt{\frac{q-R^2}{q}}z^0+\frac{R}{\sqrt{q}}t \quad (8.2.14)$$

をすると

$$f=2\alpha\int_0^{\infty}Dv\int_{-\infty}^{\infty}Du\,\log\int_w^{\infty}Dz+\frac{1}{2}\log\,(1-q)+\frac{1-R^2}{2(1-q)} \quad (8.2.15)$$

$$w=\frac{\sqrt{q-R^2}\,u-Rv}{\sqrt{1-q}} \quad (8.2.16)$$

となる．(8.2.15) 式を R と q に関して極値化する条件 $\partial f/\partial R=\partial f/\partial q=0$ を整理すると，次の状態方程式が得られる．

$$\alpha\sqrt{\frac{2}{\pi}}\int_0^{\infty}Dv\int_{-\infty}^{\infty}Du\,\frac{ue^{-w^2/2}}{\displaystyle\int_w^{\infty}Dz}=\frac{q-2R^2}{1-2q}\sqrt{\frac{q-R^2}{1-q}} \quad (8.2.17)$$

$$\alpha\sqrt{\frac{2}{\pi}}\int_0^{\infty}Dv\int_{-\infty}^{\infty}Du\,\frac{ve^{-w^2/2}}{\displaystyle\int_w^{\infty}Dz}=\frac{1-3q+2R^2}{(1-2q)\sqrt{1-q}}. \quad (8.2.18)$$

これらの状態方程式の解は $q=R$ を満たす．実際，$q=R$ とおいてこれらを書

き換えると同じ形

$$\frac{\alpha}{\pi}\int_{-\infty}^{\infty} Dx \, \frac{e^{-qx^2/2}}{\displaystyle\int_{\sqrt{q}x}^{\infty} Dz} = \frac{q}{\sqrt{1-q}} \tag{8.2.19}$$

になる．この式を導く際，変数変換 $u = x + \sqrt{q/(1-q)}\,y$，$v = y$ を使った．

例題数が大きい極限での学習曲線の振る舞いを見るために，$q = 1 - \epsilon$ とおいて (8.2.19) 式を書き換えると

$$\epsilon \approx \frac{\pi^2}{c^2\alpha^2}, \quad c = \int_{-\infty}^{\infty} Dx \frac{e^{-x^2/2}}{\displaystyle\int_{x}^{\infty} Dz} \tag{8.2.20}$$

が得られる．これを (8.1.4) 式に代入すると，学習曲線の漸近形が

$$\epsilon_g \approx \frac{\sqrt{2}}{c\alpha} = \frac{0.625}{\alpha} \tag{8.2.21}$$

であることが明らかになる．こうして，単純パーセプトロンに最小誤りアルゴリズムを適用すれば汎化誤差が例題数の逆数に比例して減少することが示された．なお，今の場合レプリカ対称解は安定であることがわかっている．

8.2.4　学習不可能な課題の汎化誤差

これまでの話は，教師と生徒がともに単純パーセプトロンで，結合ベクトルが一致すれば同一の入出力関係が得られる場合についてであった．教師と生徒の構造が違っていて，どんなに学習しても生徒は教師の入出力関係を再現することが原理的にできないという状況だとどうなるだろうか．具体的には，7.6.6 節で導入した非単調パーセプトロンを教師とし，単純パーセプトロンの生徒が教師信号を学習するという問題を取り上げよう．

入力ベクトル $\{\xi_j\}$ は教師と生徒で共通である．シナプス結合ベクトルを通した入力信号は，(8.1.1) 式のようにそれぞれ u と v である．出力は生徒が $\mathrm{sgn}\,(u)$，教師が $T_a(v) = \mathrm{sgn}\,\{v(a-v)(a+v)\}$ となる．汎化誤差は，u と v の分布関数 (8.1.3) を生徒と教師の出力が食い違う領域で積分して得られる．

$$\epsilon_g = E(R) \equiv \int dudv\, P(u,v)\Theta(-T_a(v)\,\mathrm{sgn}\,(u)) = 2\int_{-\infty}^{0} Dt\,\Omega(R,t). \tag{8.2.22}$$

ここで

$$\Omega(R,t) = \int Dz\,\{\Theta(-z\sqrt{1-R^2}-Rt-a)+\Theta(z\sqrt{1-R^2}+Rt) \\ -\Theta(z\sqrt{1-R^2}+Rt-a)\} \tag{8.2.23}$$

である．(8.2.22) 式を導くには $\int dvP(u,v)\Theta(-T_a(v)\,\mathrm{sgn}\,(u))$ が u に関して偶関数であること(したがって $u<0$ で積分して 2 倍すればよいこと)と，z と t を独立な Gauss 変数(平均 0, 分散 1)として $u=t$, $v=z\sqrt{1-R^2}+Rt$ と書けることを使った．この汎化誤差を R の関数として描いたのが図 8.3 である．$a\to\infty$ ではこれまでに議論してきた単純パーセプトロンに帰着し，$E(R)$ は R の単調減少関数で $R=1$ で最小値 $E(R)=0$ になる．単純パーセプトロンでは結合が一致すれば誤りがなくなるのは当然である．また $a=0$ のときには生徒と教師の出力がちょうど逆転しているから，$R=-1$ で $E(R)=0$ となる．

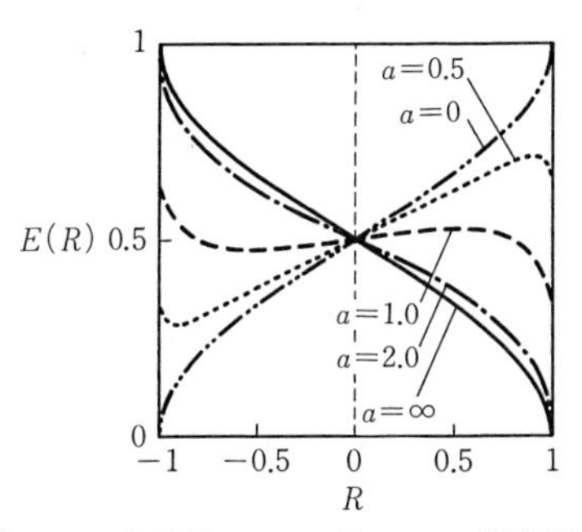

図 8.3　非単調パーセプトロンの汎化誤差

これに対して，$0<a<\infty$ の場合にはどのような R でも汎化誤差は 0 にならず，学習方式の如何によらず生徒が教師の出力を完全に再現することは不可能である．図 8.3 に見られるように $0<a<a_{\mathrm{c1}}=\sqrt{2\log 2}=1.18$ では，$-1<R<0$ の間に $E(R)$ の極小値が存在する．特に，$0<a<a_{\mathrm{c2}}\approx 0.08$ ではこの極小値が最小値である．図 8.3 に現れた汎化誤差の最小値とその最小値を

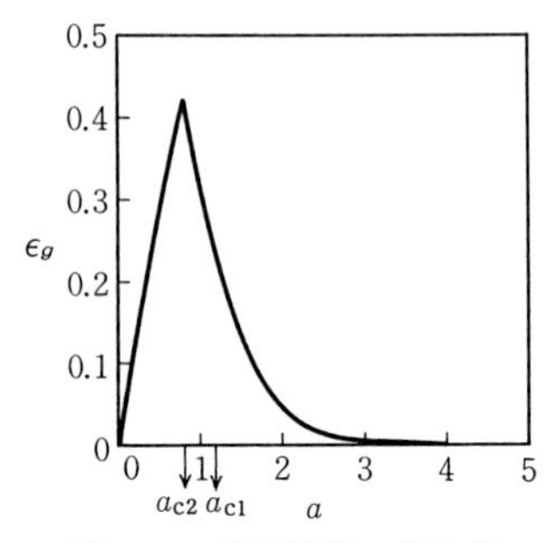

図 8.4　汎化誤差の最小値

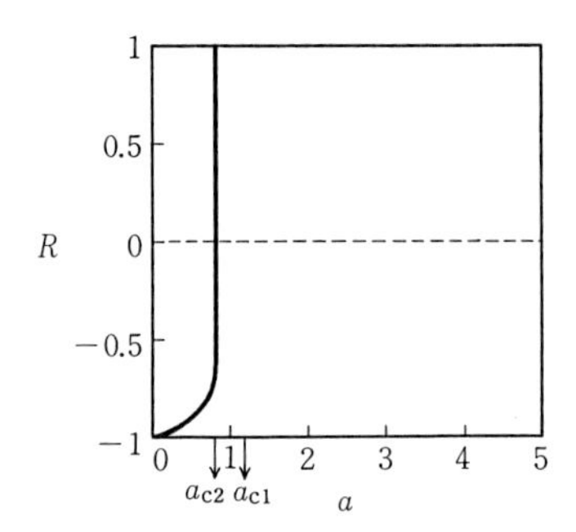

図 8.5　汎化誤差の最小値を与える R

与える R の値を a の関数として描いたのが図 8.4 と図 8.5 である．$a > a_{c2}$ では教師と生徒のベクトルが一致する $R = 1$ で汎化誤差が最小になるが，構造の違いのため最小値は 0 でない．$0 < a < a_{c2}$ では $-1 < R < 0$ という状態で汎化誤差が一番小さくなる．

8.2.5　学習不可能な課題のバッチ学習

教師が非単調パーセプトロンで生徒が単純パーセプトロンのときの最小誤りアルゴリズムを用いたバッチ学習による学習曲線も，8.2.1，8.2.2 節と同様の方法で計算される．計算の詳細はかなり込み入っているのでここでは省略し，結果だけを述べる．

$a > a_{c0} \approx 1.53$ では例題数 α が大きくなるにつれて R が 1 に漸近し，汎化誤差は次の式にしたがって単調に減少する．

$$\epsilon_g \approx \epsilon_{\min} + \frac{c}{\alpha}. \tag{8.2.24}$$

$\epsilon_{\min}$ は図 8.4 に示された，a ごとに決まる汎化誤差の最小値である．

$\sqrt{2\log 2}\ (= 1.18) = a_{c1} < a < a_{c0}$ では図 8.6 のように，ある α で ϵ_g が比較的大きい値から小さい値に飛ぶ．ある程度学習が進むと，不連続的に汎化能力が上がるのである．漸近形は (8.2.24) 式と同じ形である．$a_{c2}\,(= 0.08) < a < a_{c1}$ でもほぼ同様であるが，汎化誤差が比較的大きい方の解も $\alpha \to \infty$ まで準安定状態として存続する．

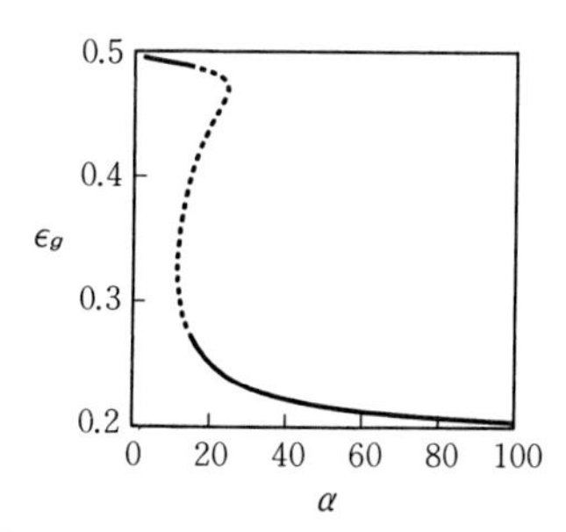

図 8.6　$a_{c1} < a < a_{c0}$ での学習曲線．

最後に，$0 < a < a_{c2}$ では安定な解は 1 つで，α が十分大きい極限で

$$\epsilon_g \approx \epsilon_{\min} + c\alpha^{-2/3} \tag{8.2.25}$$

のように振る舞う．この a の区間においては，R は α の増加とともに 1 ではなく，図 8.5 に示された負の値に漸近する．

以上の解は，レプリカ対称性の仮定の下に導かれたものである．実は，$0 < a < \infty$ ではレプリカ対称解は α が大きいところで不安定であることが示されている．しかし，2 次元($N = 2$)の場合の解析的，数値的な研究によると学習曲線は，R が 1 に近づくかどうかに応じて上述と同じ 2 種類の漸近形を示す．このことから，N が大きいときにも，レプリカ対称解は定性的には信頼できる結果を与えているのではないかと期待できる．

8.3　オンライン学習

こんどは，入力信号が 1 つ与えられるたびに生徒が教師の出力を見て結合を変化させるオンライン学習の理論を紹介する．汎化誤差の式 (8.1.4) や (8.2.22) は，オンライン学習でもそのまま有効である．

8.3.1　学習則

生徒も教師も単純パーセプトロンで，入力ベクトルが与えられるたびに (7.6.2) 式のパーセプトロン学習則にしたがって生徒の結合が変化するとしよう．学習が m ステップ進行したときの生徒の結合ベクトル $\{J_j\}$ を $\boldsymbol{J}^m$ で表すと，パーセプトロン学習則は

$$\boldsymbol{J}^{m+1} = \boldsymbol{J}^m + \Theta(-\mathrm{sgn}\,(u)\,\mathrm{sgn}\,(v))\,\mathrm{sgn}\,(v)\boldsymbol{x} = \boldsymbol{J}^m + \Theta(-uv)\,\mathrm{sgn}\,(v)\boldsymbol{x} \tag{8.3.1}$$

と書ける．ここで u, v はそれぞれ生徒，教師への入力信号，$\boldsymbol{x}$ は規格化された入力ベクトル $|\boldsymbol{x}| = 1$ である．(7.6.2) 式との対応で言えば，$\boldsymbol{\sigma}^\mu$ が $\mathrm{sgn}\,(v)$，$\eta\{\xi_j^\mu\}$ が $\boldsymbol{x}$ である．7.6.2 節と違い，成分数 N が大きい極限での学習のダイナミクスを調べるので，重要な量が発散したり 0 になったりしないように $\boldsymbol{x}$ を規格化しておくのである．

パーセプトロン学習則以外にも，**Hebb 学習則**（Hebb rule）

$$\boldsymbol{J}^{m+1} = \boldsymbol{J}^m + \mathrm{sgn}\,(v)\boldsymbol{x} \tag{8.3.2}$$

や**アダトロン学習則**（Adatron rule）

$$\boldsymbol{J}^{m+1} = \boldsymbol{J}^m - u\Theta(-uv)\boldsymbol{x} \tag{8.3.3}$$

もよく使われる．Hebb 学習則は，生徒の出力の正誤によらず結合ベクトルを $\mathrm{sgn}\,(v)\boldsymbol{x}$ だけ変化させ，次の信号が来たときに内積 $\boldsymbol{J}\cdot\boldsymbol{x}$ が正しい出力 $\mathrm{sgn}\,(v)$ を与えやすくするように持っていく．アダトロン学習則はパーセプトロン学習則 (8.3.1) とやや似ているが，生徒の出力が間違っているときの修正量が u に比例して大きくなる点が特色である．

8.3.2 学習方程式

前節で述べたもの以外にもいろいろな学習則が考えられている．そこで，一般に

$$\boldsymbol{J}^{m+1} = \boldsymbol{J}^m + f(\mathrm{sgn}\,(v), u)\boldsymbol{x} \tag{8.3.4}$$

と書いて解析を進めることにしよう．一般に学習においては，生徒は教師への入力信号 v そのものは知らずに出力 $\mathrm{sgn}\,(v)$ のみの情報を与えられるから，(8.3.4) 式の形になる．学習則は結合ベクトルの個々の成分の変化を詳細に決定するが，$N \gg 1$ のマクロな系の性質として重要なものは，結合ベクトルの個々の成分の振る舞いではなく，2 つのマクロな量，すなわち結合の長さ $l^m = |\boldsymbol{J}^m|/\sqrt{N}$ と教師の結合ベクトル $\boldsymbol{B}$ との重なり $R^m = (\boldsymbol{J}^m \cdot \boldsymbol{B})/|\boldsymbol{J}^m||\boldsymbol{B}|$ である．以後，$|\boldsymbol{B}|$ は $\sqrt{N}$ に規格化されているとする．

(8.3.4) 式から R と l に関する時間発展の式（**学習方程式**）を導くことができる．まず，(8.3.4) 式の両辺を 2 乗して $u_m = (\boldsymbol{J}^m \cdot \boldsymbol{x})/l^m$ とおくと

$$N\{(l^{m+1})^2 - (l^m)^2\} = 2[fu_m]l^m + [f^2] \tag{8.3.5}$$

が得られる．ここで，fu や f^2 は自己平均性により u と v の分布関数 (8.1.3) による平均値で置き換えた．$l^{m+1} - l^m = dl$，$1/N = dt$ とおくと，(8.3.5) は微分方程式

$$\frac{dl}{dt} = [fu] + \frac{[f^2]}{2l} \tag{8.3.6}$$

になる．t は N を単位とする例題数であり，学習時間と見なすことができる．

R に関する方程式は，(8.3.4) 式の両辺と $\boldsymbol{B}$ の内積を取り，$\boldsymbol{B} \cdot \boldsymbol{J}^m = Nl^m R^m$ と $v = \boldsymbol{B} \cdot \boldsymbol{x}$ という関係を使って導かれる．結果は

$$\frac{dR}{dt} = \frac{[fv] - [fu]R}{l} - \frac{R}{2l^2}[f^2] \tag{8.3.7}$$

である．(8.3.6) 式と (8.3.7) 式を解いて $R(t), l(t)$ を求め，汎化誤差の式 (8.1.4) あるいは (8.2.22) に代入すれば学習曲線 $\epsilon_g = E(R(t))$ が決定される．

8.3.3 パーセプトロン学習

パーセプトロン学習則

$$f = \Theta(-uv)\,\mathrm{sgn}\,(v) \tag{8.3.8}$$

の場合，学習方程式 (8.3.6) と (8.3.7) に現れる平均は積分を実行して，次のような形になる．

$$[fu] = -[fv] = \int dudv\,P(u,v)\Theta(-uv)u\,\mathrm{sgn}\,(v) = \frac{R-1}{\sqrt{2\pi}} \tag{8.3.9}$$

$$[f^2] = \int dudv\,P(u,v)\Theta(-uv) = E(R) = \frac{1}{\pi}\tan^{-1}\frac{\sqrt{1-R^2}}{R}. \tag{8.3.10}$$

これらを (8.3.6) 式と (8.3.7) 式に代入して解けば $R(t), l(t)$ が求められる．

生徒，教師ともに単純パーセプトロンで学習が可能な場合に，学習が進んで R が十分 1 に近くかつ l が大きくなった極限での学習曲線の漸近形を調べてみよう．$R=1-\epsilon$, $l=1/\delta$ とおくと，$\epsilon, \delta \ll 1$ のとき学習方程式 (8.3.6) および (8.3.7) は，(8.3.9) 式と (8.3.10) 式を使って

$$\frac{d\delta}{dt} = -\frac{\sqrt{2\epsilon}}{2\pi}\delta^3 + \frac{\epsilon\delta^2}{\sqrt{2\pi}}, \quad \frac{d\epsilon}{dt} = \frac{\sqrt{2\epsilon}}{2\pi}\delta^2 - \sqrt{\frac{2}{\pi}}\epsilon\delta \tag{8.3.11}$$

となる．この方程式の解は

$$\epsilon = \left(\frac{1}{3\sqrt{2}}\right)^{2/3} t^{-2/3}, \quad \delta = \frac{2\sqrt{\pi}}{(3\sqrt{2})^{1/3}}t^{-1/3} \tag{8.3.12}$$

である．よって，汎化誤差の漸近形として次の形が得られる．

$$\epsilon_g = E(R) \approx \frac{\sqrt{2}}{\pi(3\sqrt{2})^{1/3}}t^{-1/3}. \tag{8.3.13}$$

(8.2.21) 式のバッチ学習の学習曲線 $\epsilon_g \propto \alpha^{-1}$ と比べると，同じ例題数で比較した場合 ($\alpha = t$)，バッチ学習の方がずっと速く $\epsilon_g = 0$ に収束することがわかる．ただし，同じ数の例題を学習するのに要する手間 (時間) はオンライン学習の方がはるかに少ない．

8.3.4 Hebb 学習

Hebb 学習則

$$f(\mathrm{sgn}\,(v), u) = \mathrm{sgn}\,(v) \tag{8.3.14}$$

についても同様の解析ができる．学習方程式 (8.3.6) と (8.3.7) に出てくる平均値は

$$[fu] = \frac{2R}{\sqrt{2\pi}}, \quad [f^2] = 1, \quad [fv] = \sqrt{\frac{2}{\pi}} \tag{8.3.15}$$

である．これらを代入した学習方程式の漸近解を求めるために，$R = 1 - \epsilon$，$l = 1/\delta$ とおくと $\epsilon, \delta \ll 1$ のとき

$$\frac{d\delta}{dt} = -\sqrt{\frac{2}{\pi}}\delta^2, \quad \frac{d\epsilon}{dt} = \frac{\delta^2}{2} - \frac{4}{\sqrt{2\pi}}\epsilon\delta \tag{8.3.16}$$

が導かれる．これを解いて

$$\epsilon = \frac{\pi}{4t}, \quad \delta = \sqrt{\frac{\pi}{2}}\frac{1}{t}. \tag{8.3.17}$$

したがって，汎化誤差は

$$\epsilon_g \approx \frac{1}{\sqrt{2\pi}} t^{-1/2} \tag{8.3.18}$$

である．Hebb 学習則の学習曲線 $\epsilon_g \propto t^{-1/2}$ はパーセプトロン学習則の結果 $\epsilon_g \propto t^{-1/3}$ と比べるとより高速に 0 に漸近する．

8.3.5 アダトロン学習

アダトロン学習則においては

$$f(\mathrm{sgn}\,(v), u) = -u\Theta(-uv) \tag{8.3.19}$$

であり，学習方程式に出てくる諸積分はそれぞれ

$$[fu] = -\sqrt{2}\int_0^\infty Du\, u^2 \mathrm{Erfc}\left(\frac{Ru}{\sqrt{2(1-R^2)}}\right), \quad [fv] = \frac{(1-R)^{3/2}}{\pi} + R[fu] \tag{8.3.20}$$

となる．$[f^2]$ は $-[fu]$ に等しい．$\epsilon = 1 - R \ll 1$ のときの漸近形は，$c = 8/(3\sqrt{2}\pi)$ として

$$[fu] \approx -\frac{4(2\epsilon)^{3/2}}{\pi}\int_0^\infty y^2 dy\, \mathrm{Erfc}(y) = -c\epsilon^{3/2}, \quad [fv] = \left(-c + \frac{2\sqrt{2}}{\pi}\right)\epsilon^{3/2} \tag{8.3.21}$$

である．これを使って学習方程式を解く．まず (8.3.6) 式は

$$\frac{dl}{dt} = \left(-1 + \frac{1}{2l}\right)c\epsilon^{3/2} \tag{8.3.22}$$

であるから $l = 1/2$ なら l は動かない．そこで $l = 1/2$ に話を限ることにすると，(8.3.7) 式は

$$\frac{d\epsilon}{dt} = 2\left(c - \frac{2\sqrt{2}}{\pi}\right)\epsilon^{3/2} \tag{8.3.23}$$

となるから，$k = 4\sqrt{2}/\pi - 2c$ として $\epsilon = 4/(kt)^2$ が得られる．これより汎化誤差は

$$\epsilon_g \approx \frac{2\sqrt{2}}{\pi k} \cdot \frac{1}{t} = \frac{3}{2t} \tag{8.3.24}$$

である．アダトロン学習はオンライン学習であるが，バッチの (8.2.21) 式と同じ $t^{-1}\,(= \alpha^{-1})$ という速い収束を示すのが特徴である．

8.3.6　学習不可能な課題のオンライン学習

バッチ学習のときと同様に，学習不可能な課題の例として非単調パーセプトロンの教師と単純パーセプトロンの生徒という組み合わせについて述べておく．まず，汎化誤差の R 依存性はバッチ学習の場合と共通であり，(8.2.22) 式で与えられる．学習方程式の一般形 (8.3.6), (8.3.7) もそのままであるが，学習則を決める f が違ってくる．例えば，Hebb 則を非単調パーセプトロンの教師に適用すると $f = \mathrm{sgn}\,\{v(a-v)(a+v)\}$ となる．このとき

$$[fu] = \sqrt{\frac{2}{\pi}}R(1 - 2e^{-a^2/2}), \quad [fv] = \sqrt{\frac{2}{\pi}}(1 - 2e^{-a^2/2}), \quad [f^2] = 1 \tag{8.3.25}$$

であり，したがって学習方程式は

$$\frac{dl}{dt} = \frac{1}{2l} + \sqrt{\frac{2}{\pi}}R(1 - 2e^{-a^2/2}) \tag{8.3.26}$$

$$\frac{dR}{dt} = -\frac{R}{2l^2} + \frac{1}{l}\sqrt{\frac{2}{\pi}}(1 - 2e^{-a^2/2})(1 - R^2) \tag{8.3.27}$$

と表される．

(8.3.26) 式と (8.3.27) 式の解は a の値により違った振る舞いをする．これを見るために，(8.3.27) 式の右辺で $R = 0$ とおくと

$$\frac{dR}{dt} \approx \frac{1}{l}\sqrt{\frac{2}{\pi}}(1 - 2e^{-a^2/2}) \tag{8.3.28}$$

となるから，$a > a_{c1} = \sqrt{2\log 2}$ では R は増加し，$0 < a < a_{c1}$ では減少する．また，$R = 1$，$l \to \infty$ が固定点であることが (8.3.27) 式からわかるから，$a > a_{c1}$ のとき $t \to \infty$ で R は 1 に近づき，学習曲線の漸近形は $R = 1 - \epsilon$，$l = 1/\delta$ として (8.3.26) 式と (8.3.27) 式から決定される．$k = \sqrt{2}(1 - 2e^{-a^2/2})/\sqrt{\pi}$ として，$\epsilon, \delta \ll 1$ で $\epsilon \approx (2k^2t)^{-1}$，$\delta \approx (kt)^{-1}$ であり，これを (8.2.22) 式に入れると結果は

$$\begin{aligned}\epsilon_g &\approx \frac{\sqrt{2\epsilon}}{\pi} + \frac{2}{\sqrt{\pi}}\mathrm{Erfc}\left(\frac{a}{\sqrt{2}}\right) \\ &= \frac{1}{\sqrt{2\pi}(1 - 2e^{-a^2/2})}\frac{1}{\sqrt{t}} + \frac{2}{\sqrt{\pi}}\mathrm{Erfc}\left(\frac{a}{\sqrt{2}}\right)\end{aligned} \tag{8.3.29}$$

となる．右辺第 2 項は $t \to \infty$ での漸近値であり，この値は実は図 8.4 に示された汎化誤差の理論的な最小値に一致している．これは Hebb 学習則の際だった特長であり，他のオンライン学習則では必ずしも最小値には近づかない．

$0 < a < a_{c1}$ では $t \to \infty$ で $R \to -1$ である．$R = -1 + \epsilon$，$l = 1/\delta$ とおくと

$$\epsilon_g \approx \frac{1}{\sqrt{6\pi}(1 - 2e^{-a^2/2})}\frac{1}{\sqrt{t}} + 1 - \frac{2}{\sqrt{\pi}}\mathrm{Erfc}\left(\frac{a}{\sqrt{2}}\right) \tag{8.3.30}$$

が導かれる．右辺第 2 項の漸近値は，$0 < a < a_{c1}$ での汎化誤差の理論的最小値よりは大きい．すなわち，この領域では Hebb 則は最善の学習則とは言えない．$0 < a < a_{c1}$ では図 8.3 に示したように，$R = -1$ が $E(R)$ の最小値を与えない．したがって，$t \to \infty$ で $R \to -1$ となる Hebb 則では，最小値には収束しない．

最適化問題

私たちの日常生活では，ある行動を起こすかどうかを様々な条件を考慮して決めることがよくある．例えば，天気がよいか，お金があるか，他に約束がないかなどに応じて遊びに行くかどうかを決めたりする．一般に，多変数の関数を最大化あるいは最小化する問題を最適化問題という．上述の例は，「気分」を最大化するよう行動が決定されると考えれば最適化問題と見ることもできる．この章ではまず最適化問題を定義し，その統計力学による取り扱いの例について解説する．さらに，最適化問題一般に対して広く応用されている近似解法であるシミュレーテッド・アニーリングの温度制御と収束の問題について議論する．特に，最近注目を集めている高速解法（一般化された遷移確率の方法）の数学的性質を解明する．

9.1　組み合わせ最適化問題と統計力学

多変数の一価関数の最小値と，最小値を与える変数の組を見つける問題を**最適化問題**（optimization problem）という．最小化の代わりに最大化でもよい．特に変数が離散値のみを取るときには，**組み合わせ最適化問題**（combinatorial optimization problem）と呼ばれる．最適化問題において最小化あるいは最大化したい関数 $f(x_1, x_2, \cdots, x_n)$ は**目的関数**（objective function）あるいは**コスト関数**（cost function），**評価関数**などといわれる．f の最大値を探すのは $-f$ の最小値を探すのと同じだから，最小値探索問題のみを取り扱えば十分である．

例えば，Ising スピン系の基底状態を見つけるのも組み合わせ最適化問題である．変数は $\{S_1, S_2, \cdots, S_N\}$，目的関数はハミルトニアンである．相互作用が強磁性的なら基底状態は自明であるが，スピングラスになると基底状態の決定は非常に難しくなる．可能なスピン配位数は 2^N 個であり，これらをすべて調べ尽くせば基底状態が見つかるのは確かだが，N とともにスピン配位数 2^N は急速に増大し，全数探索はすぐに行き詰まる．2^N より少ない状態数の探索で基底状態を見つけるアルゴリズムの研究が続けられているが，N の指数関数 $e^{aN}\,(a>0)$ より少ない状態数(例えば N のべき)を調べて確実に正解に到達するアルゴリズムは特殊な場合を除いて見つかっていない．

この例のように，系の大きさ N の指数関数に比例するだけの手間がかかると考えられている組み合わせ最適化問題の一群を，**NP 完全**(NP complete)**問題**という．より正確に言えば，NP 完全問題のどれをとっても N のべきの手間で解法が互いに変換できるが，どれについても N のべきの手間での解法は見つかってない．

指数関数は N とともに急速に増加するから，現存するどんな計算機を使ってもちょっと N が大きくなっただけで，NP 完全問題をきちんと解くことはすぐ不可能になる．NP 完全問題としては，スピングラスの基底状態探索の他に，巡回セールスマン問題や，グラフ分割問題，ナップサック問題など多数の例がある．グラフ分割問題とナップサック問題はあとで解説するので，ここでは巡回セールスマン問題について簡単に述べておこう．

N 個の都市とそれらの間の距離がわかっているとき，すべての都市を 1 回ずつ巡って出発点の都市に戻ってくる最短経路を求めよ，というのが**巡回セールスマン問題**(traveling salesman problem)である．経路長が目的関数である．N 個の都市の中から出発点を一つ決めると，次の都市の選び方は $N-1$ 個，その次は $N-2$ 個というわけで全体では $N!$ 個の経路がある．もう少し精密に言えば，出発点が経路上のどの都市でも経路長は同じだから $N!$ を N で割り，さらに逆向きの経路も同じことだから 2 で割った $(N-1)!/2$ が経路の総数である．階乗は指数関数よりさらに速く増大するから，真の最短経路の探索が非常に困難であることは理解できるだろう．巡回セールスマン問題は，NP 完全問題の典型例として理論的に重要であるだけでなく，物流の合理化といった実用的な意味も持っている．

ところで，これから示すように最適化問題の解明に統計力学が役に立つが，両者の間には相違もある．統計力学では系全体の性質を反映したマクロな量の振る舞いがわかれば問題が解決したと見なせることが多いのに対して，最適化問題では個々の変数の詳細な振る舞いがわからないと役に立たない．例えば，巡回セールスマン問題では最短経路長よりも，それを与える実際の経路がどうなっているかの方がはるかに重要である．これはスピングラスの状況に当てはめれば，特定の相互作用の分布のもとでの基底状態における個々のスピンの向きを最重要視することに相当し，エネルギーに代表されるマクロな物理量の期待値に着目することが多い統計力学の観点とはややずれがある．ただし，TAP 方程式のように個々の変数の様子を明らかにする定式化もある．

9.2　グラフ分割問題

点と線の組(グラフ)をうまく 2 つに分けるグラフ分割の問題をまず解説しよう．

9.2.1　グラフ分割問題とは

N 個の点 $V = \{v_1, v_2, \cdots, v_N\}$ とそれらの間の結合(エッジ)の組 $E = \{(v_i, v_j)\}$ が与えられているとする．N は偶数である．このような点と結合の全体を**グラフ**(graph)という．このとき V をちょうど半分の大きさの集合 V_1 と V_2 に分けて，しかも V_1 に属する点と V_2 に属する点を結ぶ結合の数を最小にせよというのが**グラフ分割問題**(graph partitioning problem)である．V_1 と V_2 の間の結合数が目的関数 f である．例えば，$N=6$，$E = \{(1,2),(1,3),(2,3),(2,4),(4,5)\}$ というグラフを考えてみよう．$V_1 = \{1,2,3\}$，$V_2 = \{4,5,6\}$ という分割に対しては $f=1$，$V_1 = \{1,2,4\}$，$V_2 = \{3,5,6\}$ に対しては $f=3$ である(図 9.1)．

グラフ分割問題は NP 完全問題であることが知られている．グラフ分割問題は，例えばコンピュータの基板上で，2 つの場所に多数の素子をどう配分すれば 2 つの場所を結ぶ配線を短くすることができるかといった応用問題に直結している．

ある点の組 (v_i, v_j) が結ばれているかどうかが組ごとに独立に確率 p で決まっているランダムグラフの分割問題は，統計力学による取り扱いに適している．本

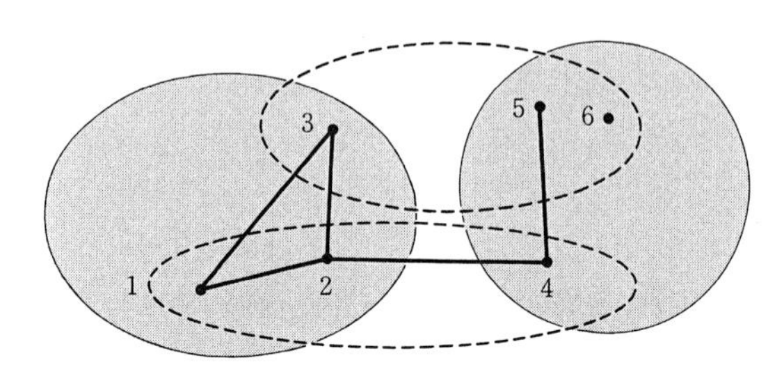

図 9.1　$N=6$ のグラフ分割の例

書では p が N によらないオーダー 1 の量であると仮定する．各点から出ている結合の数は pN だから，p がオーダー 1 だということは各点が非常に多くの他の点と結合していることになる．この場合，平均場的な定式化が有効になるのである．

9.2.2　目的関数

目的関数 $f(p)$ を Ising スピン系のハミルトニアンで表現することができる．点 v_i が集合 V_1 に属しているとき $S_i=1$，V_2 に属しているときには $S_i=-1$ とする．また，V_i と V_j の間に結合があれば $J_{ij}=J$ とし，なければ $J_{ij}=0$ とおく．このときハミルトニアンは

$$\begin{aligned} H &= -\sum_{i<j} J_{ij}S_iS_j \\ &= -\frac{1}{2}\left(\sum_{i\in V_1,\, j\in V_1} + \sum_{i\in V_2,\, j\in V_2} + \sum_{i\in V_1,\, j\in V_2} + \sum_{i\in V_2,\, j\in V_1}\right) J_{ij} \\ &\quad + \left(\sum_{i\in V_1,\, j\in V_2} + \sum_{i\in V_2,\, j\in V_1}\right) J_{ij} = -\frac{J}{2}\cdot\frac{2N(N-1)p}{2} + 2f(p)J \end{aligned} \tag{9.2.1}$$

と書ける．$N(N-1)p/2$ は結合の総数である．したがって目的関数とハミルトニアンの間には

$$f(p) = \frac{H}{2J} + \frac{1}{4}N(N-1)p \tag{9.2.2}$$

という関係がある．それゆえ (9.2.1) 式のハミルトニアンの基底エネルギーを求めれば目的関数の最小値がわかる．ただし，点の集合 V をちょうど 2 つに分けるという条件

$$\sum_{i=1}^{N} S_i = 0 \tag{9.2.3}$$

を満たす範囲内での基底状態探索であることに注意しなければならない．ところで (9.2.3) 式は左辺を 2 乗しても同じことであるが，2 乗した式を展開すると，すべてのスピン対の間に一様な反強磁性的相互作用が生じていると見なせる式になる．こうしてグラフ分割問題は，無限レンジの反強磁性的な相互作用に相当する拘束条件の下での希釈された(ところどころ結合 J_{ij} が 0 になった)強磁性 Ising スピン系の問題に帰着した．

先にも述べたように，統計力学的なアプローチでは個々の例での最適な分割の仕方を決定することより，むしろ非常に大規模な問題でのマクロな量の平均的な振る舞いの解明に力点が置かれる．グラフ分割問題で言えば，点の数 N が十分大きいときに目的関数の期待値を求めることが第一義的な目標になる．ハミルトニアン，したがって目的関数は自己平均量だから，N が十分大きい極限ではランダムな結合の分布についての平均値を求めれば，それが確率 1 で実現する値(典型的な値)と一致する．

9.2.3 レプリカ表現

結合のランダムネスについての平均をレプリカ法で計算しよう．ハミルトニアン (9.2.1) で表される系の分配関数のレプリカ平均は

$$[Z^n] = (1-p)^{\frac{N(N-1)}{2}} \mathrm{Tr} \prod_{i<j} \left(1 + p_0 \exp\left(\beta J \sum_{\alpha=1}^{n} S_i^\alpha S_j^\alpha\right)\right). \tag{9.2.4}$$

ここで $p_0 = p/(1-p)$ であり，また Tr は (9.2.3) 式の条件下でのスピン変数についての和を表す．下に示すように (9.2.4) 式は次の形に書き換えられる．

$$[Z^n] = (1-p)^{\frac{N(N-1)}{2}} \exp\left\{\frac{N(N-1)}{2} \log(1+p_0) - \frac{N}{2}(\beta J c_1 n + \beta^2 J^2 c_2 n^2)\right\}$$

$$\times \operatorname{Tr} \exp\left\{\frac{(\beta J)^2}{2}c_2\sum_{\alpha,\beta}\left(\sum_i S_i^\alpha S_i^\beta\right)^2 + O\left(\beta^3 J^3 \sum_{i<j}(\sum_\alpha S_i^\alpha S_j^\alpha)^3)\right)\right\}. \tag{9.2.5}$$

ただし

$$c_j = \frac{1}{j!}\sum_{l=1}^{\infty}\frac{(-1)^{l-1}}{l}p_0^l l^j \tag{9.2.6}$$

である．

(9.2.5) 式を導くために次のように対数関数と指数関数を展開する．

$$\sum_{i<j}\log(1+p_0\exp\beta J\sum_\alpha S_i^\alpha S_j^\alpha)$$
$$= \sum_{l=1}^{\infty}\frac{(-1)^{l-1}}{l}p_0^l\sum_{k_1=0}^{\infty}\cdots\sum_{k_l=0}^{\infty}\frac{(\beta J)^{k_1+\cdots+k_l}}{k_1!\cdots k_l!}\sum_{i<j}(\sum_\alpha S_i^\alpha S_j^\alpha)^{k_1+\cdots+k_l}.$$

これを βJ のべきで整理する．定数項は $k_1=\cdots=k_l=0$ に相当し，l についての和が $\{N(N-1)/2\}\log(1+p_0)$ となる．βJ の 1 次の項の係数は，(9.2.3) 式を使うと

$$\sum_{l=1}^{\infty}\frac{(-1)^{l-1}}{l}p_0^l\cdot l\cdot\frac{1}{2}\sum_\alpha\{(\sum_i S_i^\alpha)^2 - N\} = -\frac{Nn}{2}c_1 \tag{9.2.7}$$

という定数になる．2 次項の係数は，$k_1+\cdots+k_l=2$ を与える $(k_1=k_2=1)$，$(k_1=2,\ k_2=0)$ などの可能性をすべて考慮して

$$\sum_{l=1}^{\infty}\frac{(-1)^{l-1}}{l}p_0^l\sum_{i<j}(\sum_\alpha S_i^\alpha S_j^\alpha)^2\left({}_lC_2+\frac{l}{2!}\right)$$
$$= \sum_{l=1}^{\infty}\frac{(-1)^{l-1}}{l}p_0^l\cdot\frac{l^2}{2}\sum_{\alpha,\beta}\{(\sum_i S_i^\alpha S_i^\beta)^2 - N\}$$
$$= \frac{c_2}{2}\sum_{\alpha,\beta}(\sum_i S_i^\alpha S_i^\beta)^2 - \frac{Nn^2}{2}c_2. \tag{9.2.8}$$

(9.2.7) 式と (9.2.8) 式をあわせると (9.2.5) 式が得られる．

9.2.4　目的関数の最小値

基底エネルギーと目的関数が (9.2.2) 式で結びついているから，目的関数は

$$f(p)=\frac{N^2}{4}p+\frac{1}{2J}E_g$$
$$E_g=\lim_{\beta\to\infty}\lim_{n\to 0}\left(-\frac{1}{n\beta}\right)\left\{\mathrm{Tr}\exp\left(\frac{(\beta J)^2}{2}c_2\sum_{\alpha,\beta}\left(\sum_i S_i^\alpha S_i^\beta\right)^2\right.\right.$$
$$\left.\left.+O\left(\beta^3 J^3\sum_{i<j}(\sum_\alpha S_i^\alpha S_j^\alpha)^3\right)\right)-1\right\} \qquad (9.2.9)$$

と表される．ここで $c_1=p_0/(1+p_0)=p$ より，βJ の 1 次の項が $f(p)$ に $Np/4$ の寄与を与えることを使った．(9.2.9) 式は SK 模型の (2.2.6) 式で $J_0=0$, $h_i=0$ としたものとよく似ている．拘束条件 (9.2.3) 式が余分に加わっているが，SK 模型で分布の中心 J_0 と外部磁場 h_i が 0 のときには自発磁化はないから，(9.2.3) 式は自然に満たされている．

本節の J は任意に導入した量だから，$J=\tilde{J}/\sqrt{N}$ とおいて (9.2.9) 式と (2.2.6) 式を同じ形にすることが許される．このとき，$N\gg 1$ とすると β^3J^3 に比例する項は β^2J^2 の項より十分小さいから考慮しなくてよい．こうして SK 模型の結果がそのまま使える形になった．$c_2=p(1-p)/2$ を代入すると，結局

$$f(p)=\frac{N^2}{4}p+\frac{\sqrt{N}}{2\tilde{J}}U_0\sqrt{c_2}\tilde{J}N=\frac{N^2}{4}p+\frac{1}{2}U_0N^{3/2}\sqrt{p(1-p)} \qquad (9.2.10)$$

が得られる．ここで，U_0 は SK 模型の 1 スピンあたりの基底エネルギーであり，数値計算などによるとおよそ $U_0=-0.38$ である．(9.2.10) 式の右辺第 1 項は，点を V_1 と V_2 に半分ずつ分けたときの V_1 と V_2 間の結合数 $N^2/4$ に，実際に存在するものの割合 p をかけた量である．

9.3 ナップサック問題

次に，不等式で表される制約条件の下での目的関数の最大化の問題の典型例としてナップサック問題を取り上げる．

9.3.1 ナップサック問題と線形計画法

N 個の品物があり，それぞれに重さ a_j と価値 c_j が決まっているとする．総重量がある値 b 以下に制限されているときに，どの品物を選べば価値の総和が

最大になるだろうか．山登りをする際にナップサックに入れて持って行く品物をうまく選び，総重量の制約を満たす範囲内で価値を最大化せよというわけである．

j 番目の品物を持っていくとき $S_j=1$，持っていかないとき $S_j=-1$ とすると，最大化したい量(価値) U と制約条件 Y はそれぞれ次のように書ける．

$$U=\sum_{j=1}^{N} c_j\cdot\frac{S_j+1}{2},\quad Y=\sum_{j=1}^{N} a_j\cdot\frac{S_j+1}{2}\leqq b. \tag{9.3.1}$$

(9.3.1) 式を一般化して多数 (K 個) の制約条件を満たすことを要求しよう．

$$Y_k=\frac{1}{2}\sum_j a_{kj}(S_j+1)\leqq b_k,\quad (k=1,\cdots,K). \tag{9.3.2}$$

S_j が連続変数のとき，このような線形の制約条件の下での線形の目的関数の最小化(あるいは最大化)の問題は一般に**線形計画法**(linear programming)と呼ばれる．

本書では，統計力学的な取り扱い方法を例示するために問題を大幅に単純化して c_j は定数 c，b_k も定数 b とし，a_{kj} は $\dfrac{1}{2}$ の周りに分散 σ^2 で Gauss 分布したランダム変数であるとする．

$$a_{kj}=\frac{1}{2}+\xi_{kj},\quad P(\xi_{kj})=\frac{1}{\sqrt{2\pi}\sigma}\exp\left(-\frac{\xi_{kj}^2}{2\sigma^2}\right). \tag{9.3.3}$$

制約条件 (9.3.2) はこのとき

$$Y_k-b=\frac{1}{2}\sum_j(1+S_j)\xi_{kj}+\frac{1}{4}\sum_j S_j+\frac{N}{4}-b\leqq 0 \tag{9.3.4}$$

と表される．(9.3.4) 式で j についての和が現れる第 1 項と第 2 項はせいぜい $O(N)$ の量だから，もし $b\gg N/4$ なら (9.3.4) 式はどんな $\{S_j\}$ を選んでも満たされる．このときには，ほとんどすべての品物をナップサックに入れる $(S_j=1)$ ことができる．逆に $N/4\gg b$ なら，持っていくのをあきらめる $(S_j=-1)$ 品物がほとんどすべてになる．これらの両極端のちょうど中間の $b=N/4$ のときに，系は最も興味深い振る舞いをする．以後，この場合に話を限定することにする．

9.3.2　緩和法

組み合わせ最適化問題を解く際に，変数の離散性の条件をはずしてしまう近似(緩和法)がよく使われる．実数の方が計算が容易で解を高速に求められることが多いからである．もし最終的に離散値が必要なら，実数解に最も近い離散値を取ればよい．

制約条件の数 K が N のオーダーであるようなナップサック問題を S_j を離散値のままにして調べることも可能だが，緩和法の考え方にしたがって，$\sum_j S_j^2 = N$ の条件を満たす実数として定式化すると，7.6 節で紹介したパーセプトロンの容量の問題とほとんど同じ形になるのでわかりやすい．そこで，以後 S_j を $\sum_j S_j^2 = N$ の条件を満たす任意の実数として，制約条件

$$Y_k = \frac{1}{2}\sum_j (1+S_j)\xi_{kj} + \frac{\sqrt{N}}{4}M \leqq 0, \quad M = \frac{1}{\sqrt{N}}\sum_j S_j \tag{9.3.5}$$

のもとでの目的関数

$$U = \frac{cN}{2} + \frac{c\sqrt{N}}{2}M \tag{9.3.6}$$

の最大化を考察することにする．

(9.3.5) 式のような規格化をするということは，$b = N/4$ の条件下で $\sum_j S_j$ が $\sqrt{N}$ のオーダーであり，したがってほぼ半分の品物がナップサックに入ると仮定することになる．この仮定に基づいた計算の結果，M が 1 のオーダーで求まれば自己矛盾がないことになる．実際そうなっていることを以後示す．M はナップサックに入れる品物の数の $N/2$ からの $O(\sqrt{N})$ のずれの係数である．

9.3.3 レプリカ計算

変数 $\{S_j\}$ の構成する空間の中で条件式 (9.3.5) を満たす部分空間の体積を V とする．系の典型的な振る舞いを調べるために，ランダム変数 $\{\xi_{kj}\}$ についての配位平均を V の対数について計算する必要がある．レプリカ法にしたがって V^n の平均を書くと，(7.6.7) 式と同様に次のような形になる．

$$[V^n] = \left[V_0^{-n}\int\prod_{\alpha,i} dS_i^\alpha \prod_\alpha \delta\left(\sum_j S_j^\alpha - \sqrt{N}M\right)\delta\left(\sum_j (S_j^\alpha)^2 - N\right)\right.$$
$$\left.\times \prod_{\alpha,k}\Theta\left(-\frac{1}{\sqrt{N}}\sum_j (1+S_j^\alpha)\xi_{kj} - \frac{M}{2}\right)\right]. \tag{9.3.7}$$

V_0 は，上式の被積分関数で $\sum_j (S_j^\alpha)^2 = N$ の部分だけを残したものである．

(9.3.7) 式は (7.6.7) 式とほとんど同じ形をしている．したがって以後の計算も 7.6 節とほとんど同じだから詳細は省略し，概要と結果のみを記す．レプリカ対称性を仮定すれば，次の G を極値化すればよいことになる．

$$
\begin{aligned}
[V^n] &= \exp\{nNG(q, E, F, \tilde{M})\} \\
G &= \alpha G_1(q) + G_2(E, F, \tilde{M}) - \frac{i}{2} qF + iE \\
G_1(q) &= \log \int_{M/2}^{\infty} \prod_\alpha \frac{d\lambda^\alpha}{2\pi} \int_{-\infty}^{\infty} \prod_\alpha dx^\alpha \\
&\quad \times \exp\left(i \sum_\alpha x^\alpha \lambda^\alpha - \sigma^2 \sum_\alpha (x^\alpha)^2 - \sigma^2 (1+q) \sum_{(\alpha\beta)} x^\alpha x^\beta \right)
\end{aligned}
$$

$$
\begin{aligned}
&G_2(E, F, \tilde{M}) \\
&= \log \int_{-\infty}^{\infty} \prod_\alpha dS^\alpha \exp\left(-i\tilde{M} \sum_\alpha S^\alpha - iF \sum_{(\alpha\beta)} S^\alpha S^\beta - iE \sum_\alpha (S^\alpha)^2 \right).
\end{aligned}
$$

ここで q は $q_{\alpha\beta} = N^{-1} \sum_i S_i^\alpha S_i^\beta$ のレプリカ対称値であり，また $\alpha = K/N$ とした*1．$\tilde{M}$ についての極値条件から $\tilde{M} = 0$ がすぐ導かれる．さらに，7.6 節と同様にして各積分を実行し E と F についての極値条件を使ってこれらの変数を消去すると

$$
\begin{aligned}
G &= \alpha \int Dy \log L(q) + \frac{1}{2} \log\,(1-q) + \frac{1}{2(1-q)} \qquad (9.3.8) \\
L(q) &= 2\sqrt{\pi}\, \mathrm{Erfc}\left(\frac{M/2 + y\sigma\sqrt{1+q}}{\sqrt{2(1-q)}\,\sigma} \right)
\end{aligned}
$$

が得られる．

拘束条件の数 K と N の比 α を固定したままナップサックに詰めるものが増えると，あるところでこれ以上詰められない限界の品物数に達する．このときの M を M_{opt} とする．限界状態では品物の詰め方は 1 種類しかないと考えられるから $q = 1$ となる．そこで (9.3.8) を q について極値化してから $q \to 1$ とおくと M_{opt} が α の関数として次のように定まる．

---

*1　レプリカ番号の α と混同しないように注意されたい．

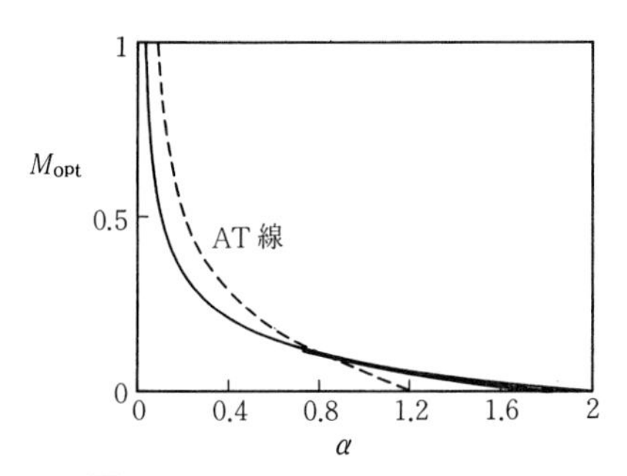

図 **9.2** α の関数としての $M_{\rm opt}$.

$$\alpha(M_{\rm opt}) = \left\{ \frac{1}{4} \int_{-M/(2\sqrt{2}\sigma)}^{\infty} Dy \left(\frac{M_{\rm opt}}{\sigma} + 2\sqrt{2}\,y \right)^2 \right\}^{-1}. \qquad (9.3.9)$$

$\sigma = 1/12$ のときに $M_{\rm opt}$ を α の関数として描くと図 9.2 のようになる．

レプリカ対称解の安定性についても研究がされており，AT 線が

$$\alpha \left\{ \int Dt (1 - L_2 + L_1^2) \right\}^2 = 1, \quad L_k = \frac{\displaystyle\int_{I_z} Dz\, z^k}{\displaystyle\int_{I_z} Dz}$$

$$\int_{I_z} = \int_{(M/2\sigma + t\sqrt{1+q})/\sqrt{1-q}}^{\infty} \qquad (9.3.10)$$

で与えられることがわかっている．AT 線は図 9.2 に点線で描かれている．$\alpha < 0.846$ においてはレプリカ対称解が $M_{\rm opt}$ まで安定だが，$\alpha > 0.846$ だとレプリカ対称性の破れ (RSB) を考慮する必要がある．1 ステップの RSB による $M_{\rm opt}$ も図 9.2 に記入されているが，この図のスケールではレプリカ対称解とほとんど差がない．さらに高次の RSB 解も定量的にはほとんど同じ結果をもたらすものと思われる．

9.4 シミュレーテッド・アニーリング

この節では，組み合わせ最適化問題の近似解法として広い応用範囲を持つシミュレーテッド・アニーリングの収束の問題を議論する．スピングラス理論の

直接の応用ではないが，最適化問題の統計力学的側面という意味で興味深い話題である．特に，その高速性から最近注目を集めている一般化された遷移確率によるシミュレーテッド・アニーリングについて掘り下げて考察する．

9.4.1　シミュレーテッド・アニーリング

目的関数を最小化する状態(**最適状態**(optimal state))を見つけるために，ランダムに初期状態を選んで，状態を少し変化させてみる．このとき目的関数の値が低下するなら新しい状態に実際に遷移し，低下しないなら遷移しないことにしよう．新しい状態をどんどん生成していってこのプロセスを繰り返し，いつまでたっても状態が変化しなくなったら最適な状態が得られたものと見なす(図9.3)．これを**最急降下法**(steepest decent method)という．図9.3の左の図のように状態空間の構造が単純なら，これで最適な状態に確実に到達することができる．しかし，図9.3(右)のように最小でない極小状態があると，初期条件によってはそこに捉えられてそれ以上身動きできなくなる．

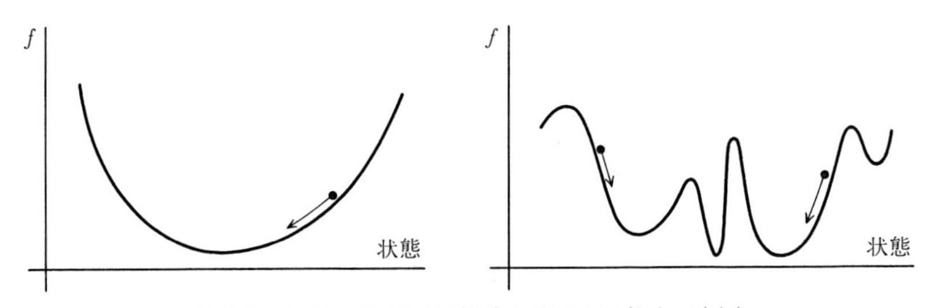

図 9.3　単純な状態空間(左)と複雑な状態空間(右)

そこで温度による状態間のゆらぎを導入すると，極小状態に捉えられるという問題点を解決することができる．最適化問題にはもともと温度の概念は存在しないのであるが，仮想的に温度に相当する変数 T を導入する．わずかな状態変化に対して目的関数が低下するならば新しい状態に遷移し，目的関数が増加するときにも必ずしも新しい状態を捨てずに，目的関数の増加 Δf と温度に応じた確率 $\exp(-\Delta f/T)$ で遷移することにする．最初のうち温度を比較的高く保つと $\exp(-\Delta f/T)$ は1に近いから，目的関数の増加する過程も割合大きな確率で起こり様々な状態間を頻繁に行き来して，状態空間を大局的に探索することができる．最適状態を含む谷の付近に比較的長時間滞在するが，その他の谷にもある程度の確率で存在する．そして，次第に温度を下げていくと最適状態付近の確率がより増大し，その付近の局所的な構造をより詳細に反映した確率で分布するようになる．最後に $T \to 0$ とすると変化が停止して全空間での最適状態が求まることになる．このプロセスを計算機上で数値的に実現して最適化問題の解を近似的に求める方法を**シミュレーテッド・アニーリング**(simulated annealing)(模擬徐冷)という．無限の時間をかけて T を十分ゆっくり下げていくと確実に最適化に到達するが，実際にはほどほどの速さで温度を下げ，しかも適当なところで打ち切る．この意味で近似解法なのである．

9.4.2 温度制御と一般化された遷移確率

シミュレーテッド・アニーリングにおいては，温度をどう下げていくかという**温度制御**(アニーリング・スケジュール (annealing schedule))が重要な問題になる．あまり速く下げすぎると途中の極小状態に引っかかっているうちに温度が急速に下がってしまい，脱出できなくなる．十分ゆっくり下げれば各時点で温度 T での熱平衡状態が近似的に実現するから，$T \to 0$ の極限で正しい最適状態に行き着くことは保証されている*2．しかし，あまりゆっくり下げるのでは実用的に役立たない．したがって，どのくらい速く下げれば極小に引っかかることなしに確実に解が求まるかという温度制御の問題が生じるのである．

これに対してはすでに答えが求められている．確率 $\exp(-\Delta f/T)$ で目的関数の増加過程も許すとき，$T(t) \geqq c/\log(t+2)$ を満たすように T を時間の関数として下げるならば，$t \to \infty$ の極限で正しい最適状態に到達することが証明されている．c はおよそ系のサイズに比例する量である．しかし，ここに現れる対数関数 $\log(t+2)$ は t が大きくなっても増加の仕方が遅く，T は 0 になかなか近づかない．ところでこの対数関数の由来は，実は目的関数の増加過程の遷移確率 $\exp(-\Delta f/T)$ が T の指数関数になっていることにある．さらにこの指数関数の起源を探ると，温度 T での熱平衡状態での Gibbs-Boltzmann 分布 $P(x) = \exp(-f(x)/T)/Z$ であることがわかる．

---

*2 $T = 0$ での熱平衡状態は最適状態である．

しかしよく考えてみると，最適化問題では温度が 0 の極限での状態を知りたいのだから，有限温度での熱平衡状態に起源を持つ指数関数型の遷移確率を使う必然性はない．最終的に最適状態に行き着くことが保証されていることが必要条件なのである．実際，以下で導入する Tsallis と Stariolo による一般化された遷移確率を使うと最適状態により高速に漸近していくことが数値計算によって示されていて，様々な問題への応用が進んでいる．以後の節では，一般化された遷移確率を使ったシミュレーテッド・アニーリングの収束の問題を検討し，弱いエルゴード性が成立するという意味での収束を証明する．なお，9.4.5 節で述べるように，次節以後の話は通常の遷移確率によるシミュレーテッド・アニーリングの収束証明も特殊な場合として含んだ議論になっている．

9.4.3　一様でない Markov 鎖

初期状態から開始して，次々に新しい状態を生成して確率的に遷移させていくと状態の時系列ができる．現時点での状態にのみ基づいて次の状態を決める Markov 過程だから，**Markov 鎖**(Markov chain)と呼ぶことにする．以下で定義する**一般化された遷移確率**(generalized transition probability)によって生成された Markov 鎖が最適状態に収束するかどうかを検討するために，いろいろな記号の約束をまず述べておく．

状態全体の集合(状態空間)$\mathcal{S}$ で定義された最適化問題の目的関数を f とする．温度 T が時間の関数であることを反映して，系が状態 $x(\in \mathcal{S})$にあるとき，新たな状態 y への遷移確率 G は時間 $t(=0,1,2,\cdots)$の関数である．遷移確率が時間依存性を持つので，これを**一様でない Markov 鎖**(inhomogeneous Markov chain)と呼ぶ．G は次のように書くことができる．

$$G(x,y;t)=\begin{cases} P(x,y)A(x,y;T(t)) & (x \neq y) \\ 1-\displaystyle\sum_{z(\neq x)} P(x,z)A(x,z;T(t)) & (x=y). \end{cases} \tag{9.4.1}$$

ここで $P(x,y)$ は**生成確率**(generation probability)(新たな状態を作る確率)

$$P(x,y)\begin{cases} >0 & (y \in \mathcal{S}_x) \\ =0 & (\text{その他の場合}) \end{cases} \tag{9.4.2}$$

である．$\mathcal{S}_x$ は x の近傍（1 ステップで到達できる状態の集合）を表す．また，$A(x,y;T)$ は**受理確率**（acceptance probability）（生成された状態に実際に遷移する確率）であり，次のような形をしているものとする．

$$A(x,y;T) = \min\{1, u(x,y;T)\}$$
$$u(x,y;T) = \left(1 + (q-1)\frac{f(y)-f(x)}{T}\right)^{1/(1-q)}. \qquad (9.4.3)$$

q は実数のパラメータであり，しばらくの間 $q > 1$ を満たすものと仮定する．(9.4.1) 式は，確率 $P(x,y)$ で新しい状態 y を作り，確率 $A(x,y;T)$ で y に実際に遷移するかどうかを決めることを表している．(9.4.3) 式によると，目的関数の変化 $\Delta f = f(y) - f(x)$ が 0 または負のときには $u \geqq 1$ だから $A(x,y;T) = 1$ となって新しい状態に確実に遷移するが，Δf が正のときには $u < 1$ であり，実際に y に遷移するかどうかは確率 $u(x,y;T)$ で決まってくる[*3]．生成確率 $P(x,y)$ は**既約**（irreducible）であるとする．すなわち，$P(x,y) > 0$ を満たす状態の組 x, y をつなげていけば，$\mathcal{S}$ の中の任意の状態から他の任意の状態へ遷移できる．なお受理確率 (9.4.3) で $q \to 1$ とすると，前節で述べた $\exp(-\Delta f)/T$ の形に帰着する．この意味で (9.4.3) 式は Gibbs-Boltzmann の枠組みの一般化なのである．

やや天下り的ではあるが，温度制御を次のように選ぶことにする．

$$T(t) = \frac{b}{(t+2)^c} \qquad (b, c > 0,\ t = 0, 1, 2, \cdots). \qquad (9.4.4)$$

$q \to 1$ に対応する通常のシミュレーテッド・アニーリングの収束定理では，(9.4.4) 式の分母に t の対数関数が入るのであるが，一般化された遷移確率の場合には t のべきで T を減少させていく．

$G(x,y;t)$ を成分 x, y をもつ行列（遷移行列）であるとみなすと扱いやすい．

$$[G(t)]_{x,y} = G(x,y;t). \qquad (9.4.5)$$

状態空間 $\mathcal{S}$ 上で定義された確率分布全体の集合を $\mathcal{P}$ とし，確率分布 p を，要素 $p(x)$ $(x \in \mathcal{S})$ をもつ行ベクトルと見なすことにする．時刻 s において系が確率分布 p_0 $(\in \mathcal{P})$ で表される状態にあったとき，時刻 t での確率分布は次式のよう

*3 $\Delta f < 0$ で (9.4.3) 式の右辺のかっこ内が 0 または負になるときには，$u \to \infty$ すなわち $A = 1$ と定義する．

に書ける．

$$p(s,t) = p_0 G^{s,t} \equiv p_0 G(s) G(s+1) \cdots G(t-1). \qquad (9.4.6)$$

また，1 ステップでの状態変化の度合いの目安になる量として**エルゴード係数**（coefficient of ergodicity）を次のように定義する．

$$\alpha(G^{s,t}) = 1 - \min \{ \sum_{z \in \mathcal{S}} \min \{ G^{s,t}(x,z), G^{s,t}(y,z) \} | \, x, y \in \mathcal{S} \}. \qquad (9.4.7)$$

次の節で証明する**弱エルゴード性**（weak ergodicity）は，確率分布が漸近的に初期条件に依存しないこととして定義される．

$$\forall s \geqq 0 : \lim_{t \to \infty} \sup \{ \|p_1(s,t) - p_2(s,t)\| \mid p_{01}, p_{02} \in \mathcal{P} \} = 0. \qquad (9.4.8)$$

ただし $p_1(s,t)$ と $p_2(s,t)$ は異なる初期条件から出発した確率分布である．

$$p_1(s,t) = p_{01} G^{s,t}, \quad p_2(s,t) = p_{02} G^{s,t}. \qquad (9.4.9)$$

(9.4.8) 式に現れる確率分布の差のノルムの定義は次の通りである．

$$\|p_1 - p_2\| = \sum_{x \in \mathcal{S}} |p_1(x) - p_2(x)|. \qquad (9.4.10)$$

弱エルゴード性に対応する**強エルゴード性**（strong ergodicity）は，確率分布が初期条件によらず一定のものに漸近することを意味する．

$$\exists r \in \mathcal{P}, \, \forall s \geqq 0 : \lim_{t \to \infty} \sup \{ \|p(s,t) - r\| \mid p_0 \in \mathcal{P} \} = 0. \qquad (9.4.11)$$

エルゴード性が成立する条件を次の定理に述べる．

定理 9.1（弱エルゴード性の条件）　一様でない Markov 鎖が弱エルゴード的であるための必要十分条件は，単調増加整数列

$$0 < t_0 < t_1 < \cdots < t_i < t_{i+1} < \cdots$$

が存在して，エルゴード係数が次の条件を満たすことである．

$$\sum_{i=0}^{\infty} (1 - \alpha(G^{t_i, t_{i+1}})) = \infty. \qquad (9.4.12)$$

定理 9.2（強エルゴード性の条件）　一様でない Markov 鎖は，次の条件を満たすとき強エルゴード的である．

・弱エルゴード的である．

・各時刻 t において定常状態 $p_t = p_t G(t)$ が存在する．

・上記 p_t は次の収束条件を満たす．

$$\sum_{t=0}^{\infty} \|p_t - p_{t+1}\| < \infty. \tag{9.4.13}$$

9.4.4 一般化された遷移確率による弱エルゴード性

一般化された遷移確率 (9.4.1)-(9.4.3) で生成される Markov 鎖が弱エルゴード性を持っていることを証明する．そのために，次の補題を示しておく．

補題 1（遷移確率の下限） 9.4.3 節で定義した一様でない Markov 鎖の遷移確率は次の不等式を満たす．まず，異なる状態に遷移するときの G の非対角要素は

$$P(x,y) > 0 \ \Rightarrow \ \forall t \geqq 0 : G(x,y;t) \geqq w \left(1 + \frac{(q-1)L}{T(t)}\right)^{1/(1-q)}. \tag{9.4.14}$$

また対角要素は

$$\forall x \in \mathcal{S} - \mathcal{S}^M, \quad \exists t_1 > 0, \quad \forall t \geqq t_1 : G(x,x;t) \geqq w \left(1 + \frac{(q-1)L}{T(t)}\right)^{1/(1-q)}. \tag{9.4.15}$$

ここで，$\mathcal{S}^M$ は目的関数の極大状態の集合

$$\mathcal{S}^M = \{x | \, x \in \mathcal{S}, \, \forall y \in \mathcal{S}_x : f(y) \leqq f(x)\} \tag{9.4.16}$$

であり，L は 1 ステップでの目的関数の変化の最大値

$$L = \max\{|f(x) - f(y)| \mid P(x,y) > 0\} \tag{9.4.17}$$

を表す．w は生成確率の 0 でない最小値である．

$$w = \min\{P(x,y) \mid P(x,y) > 0, \, x,y \in \mathcal{S}\}. \tag{9.4.18}$$

［証明］ まず非対角要素についての (9.4.14) 式を示す．$f(y) - f(x) > 0$ ならば $u(x,y;T(t)) \leqq 1$ だから

$$\begin{aligned} G(x,y;t) &= P(x,y)A(x,y;T(t)) \geqq w \min\{1, u(x,y;T(t))\} \\ &= w\, u(x,y;T(t)) \geqq w \left(1 + \frac{(q-1)L}{T(t)}\right)^{1/(1-q)}. \end{aligned} \tag{9.4.19}$$

もし $f(x) - f(y) \leqq 0$ なら，$u(x,y;T(t)) \geqq 1$ ゆえ

$$G(x,y;t) \geqq w \min\{1, u(x,y;T(t))\} = w \geqq w\left(1+\frac{(q-1)L}{T(t)}\right)^{1/(1-q)} \tag{9.4.20}$$

である．

次に対角要素の下限 (9.4.15) 式である．$x \in \mathcal{S}-\mathcal{S}^M$ であるから，目的関数が増大する（$f(y_+)-f(x)>0$）ような状態 $y_+ \in \mathcal{S}_x$ が存在する．このとき

$$\lim_{t\to\infty} u(x,y;T(t)) = 0 \tag{9.4.21}$$

であり，したがって

$$\lim_{t\to\infty} \min\{1, u(x,y;T(t))\} = 0 \tag{9.4.22}$$

となる．t を十分大きく取れば $\min\{1, u(x,y;T(t))\}$ はいくらでも小さくできるのだから，任意の $\epsilon>0$ に対して t_1 が存在し，

$$\forall t \geqq t_1 : \min\{1, u(x,y;T(t))\} < \epsilon. \tag{9.4.23}$$

が成立する．したがって

$$\begin{aligned}
&\sum_{z\in\mathcal{S}} P(x,z)A(x,z;T(t)) \\
&\quad = \sum_{\{y_+\}} P(x,y_+)\min\{1, u(x,y_+;T(t))\} \\
&\qquad + \sum_{z\in\mathcal{S}-\{y_+\}} P(x,z)\min\{1, u(x,z;T(t))\} \\
&\quad < \sum_{\{y_+\}} P(x,y_+)\epsilon + \sum_{z\in\mathcal{S}-\{y_+\}} P(x,z) = -(1-\epsilon)\sum_{\{y_+\}} P(x,y_+) + 1.
\end{aligned} \tag{9.4.24}$$

これを使って，対角要素は (9.4.1) 式より

$$G(x,x;t) \geqq (1-\epsilon)\sum_{\{y_+\}} P(x,y_+) \geqq w\left(1+\frac{(q-1)L}{T(t)}\right)^{1/(1-q)} \tag{9.4.25}$$

を満たすことがわかる．なお，最後の不等式は t を十分大きく取ればかっこ内がいくらでも小さくできることに基づいている．∎

次に，弱エルゴード性を証明するためにいくつか記号を導入する．状態 x から y に遷移するために必要なステップ数の最小値を $d(x,y)$ とする．$d(x,y)$ の y に関する最大値を $k(x)$ とする．

$$k(x) = \max\{d(x,y)|\, y \in \mathcal{S}\}. \tag{9.4.26}$$

x から出発するとどんな状態にも $k(x)$ ステップで到達できる．$x \in \mathcal{S} - \mathcal{S}^M$ であるような x に対する $k(x)$ の最小値を R，その最小値を与える x を x^* とする．

$$R = \min\{k(x)|\, x \in \mathcal{S} - \mathcal{S}^M\}, \quad x^* = \arg\min\{k(x)|\, x \in \mathcal{S} - \mathcal{S}^M\}. \tag{9.4.27}$$

定理 9.3（一般化された遷移確率による弱エルゴード性） 9.4.3 節で定義された一様でない Markov 鎖は，$0 < c \leqq (q-1)/R$ のとき弱エルゴード的である．

［証明］ 状態 x から x^* への遷移を考えよう．(9.4.6) 式より

$$G^{t-R,t}(x,x^*) = \sum_{x_1,\cdots,x_{R-1}} G(x,x_1;t-R)G(x_1,x_2;t-R+1) \cdots G(x_{R-1},x^*;t-1). \tag{9.4.28}$$

x^* と R の定義より，x から x^* に R ステップ以内で至る状態遷移が存在する．

$$x \neq x_1 \neq x_2 \neq \cdots \neq x_k = x_{k+1} \cdots = x_R = x^*. \tag{9.4.29}$$

(9.4.28) 式の和においてこのような状態遷移のみを残し，さらに補題 1 を使うと

$$\begin{aligned} G^{t-R,t}(x,x^*) &\geqq G(x,x_1;t-R)G(x_1,x_2;t-R+1)\cdots G(x_{R-1},x_R;t-1) \\ &\geqq \prod_{k=1}^{R} w\left(1+\frac{(q-1)L}{T(t-R+k-1)}\right)^{1/(1-q)} \\ &\geqq w^R\left(1+\frac{(q-1)L}{T(t-1)}\right)^{R/(1-q)} \end{aligned} \tag{9.4.30}$$

が得られる．したがってエルゴード係数は次の不等式を満たす．

$$\begin{aligned} \alpha(G^{t-R,t}) &= 1 - \min\{\sum_{z\in\mathcal{S}} \min\{G^{t-R,t}(x,z), G^{t-R,t}(y,z)\}|x,y \in \mathcal{S}\} \\ &\leqq 1 - \min\{\min\{G^{t-R,t}(x,x^*), G^{t-R,t}(y,x^*)\}|x,y \in \mathcal{S}\} \\ &\leqq 1 - w^R\left(1+\frac{(q-1)L}{T(t-1)}\right)^{R/(1-q)}. \end{aligned} \tag{9.4.31}$$

ここで温度制御 (9.4.4) を用いることにする．(9.4.31) 式より，正の整数 k_0 が存在して，$k \geqq k_0$ なる任意の整数 k に対して次の不等式が成立する．

$$\begin{aligned} 1-\alpha(G^{kR-R,kR}) &\geqq w^R\left(1+\frac{(q-1)L(kR+1)^c}{b}\right)^{R/(1-q)} \\ &\geqq w^R\left(\frac{2(q-1)LR^c}{b}\left(k+\frac{1}{R}\right)^c\right)^{R/(1-q)}. \end{aligned} \tag{9.4.32}$$

そうすると，$0 < c \leqq (q-1)/R$ が満たされていれば次の量が発散することは明らかである．

$$
\begin{aligned}
&\sum_{k=0}^{\infty}(1-\alpha(G^{kR-R,kR})) \\
&\quad = \sum_{k=0}^{k_0-1}(1-\alpha(G^{kR-R,kR})) + \sum_{k=k_0}^{\infty}(1-\alpha(G^{kR-R,kR})). \qquad (9.4.33)
\end{aligned}
$$

定理 9.1 より，弱エルゴード性が成り立っていることが明らかになった．■

以上の証明は，$q < 1$ の場合には成立しない．受理確率 (9.4.3) のかっこ内が $\Delta f > 0$ でも状況によっては負になるからである．数値計算ではこのような場合には遷移が起きない ($u = 0$) として処理している．実際には，数値計算で最適解が高速に求まるのは $q < 1$ の場合が多いが，証明ではこうした状況を取り扱うのは今のところ困難である．

さらに進んで，9.4.3 節の Markov 鎖の強エルゴード性や最適分布（最適解のみから作られる状態空間上の一様分布）への漸近を示すのは一般の q については難しい．しかしながら，最適分布への漸近性が一般の q について厳密に証明できないとは言っても，弱エルゴード性の定義 (9.4.8) によると，確率分布が漸近的に初期条件に依存しなくなるのだから，その漸近状態が最適状態以外のものであったり，あるいは時間とともに変化し続けたりするものであるとは通常は考えられない．したがって，物理的，直観的には弱エルゴード性だけですでに十分な結果であると言うことができる．

9.4.5　目的関数の緩和

定理 9.2 に示した強エルゴード性の 3 つの成立条件のうち，最後のもの (9.4.13) を $q \neq 1$ の一般化された遷移確率について証明するのは難しい．しかし $q \to 1$ の極限に対応する通常の遷移確率 $\exp(-\Delta f/T)$ に話を限定すれば次の定理が成立する．

定理 9.4（通常の遷移確率による強エルゴード性）9.4.3 節において (9.4.3) 式と (9.4.4) 式の代わりに

$$
u(x,y;T) = \exp\{-(f(y)-f(x))/T\} \qquad (9.4.34)
$$

$$T(t) \geqq \frac{RL}{\log{(t+2)}} \tag{9.4.35}$$

とすると，この Markov 鎖は強エルゴード的である．$t \to \infty$ で確率分布は最適分布に収束する．ここで R と L は 9.4.4 節での定義通りである．

証明は，まず定理 9.3 の証明において (9.4.31) 式で $q \to 1$ とする．このとき，(9.4.35) 式の温度制御を使うと (9.4.33) 式が発散することがわかるから弱エルゴード性が成立する．また，与えられた t に対応する温度 $T(t)$ での定常（平衡）分布は Gibbs-Boltzmann 分布であることはすでによく知られているから，定理 9.2 の 2 番目の条件も満たされている．第 3 番目の収束条件 (9.4.13) を示すには多少計算が必要になる．詳細は省略するが，Gibbs-Boltzmann 分布の具体的な形より，最適な状態の確率が温度の低下とともに単調増加することと，最適でない状態の確率は十分低温では温度の低下とともに単調に減少する関数であることを使えば，とりたてて困難ではない．

温度制御 (9.4.4) に現れる c は定理 9.3 にあるように $(q-1)/R$ で押さえられているが，R は (9.4.27) 式の定義によると系の大きさ N のオーダーを持っている*4．N が大きくなると c はいくらでも小さくなり，$T(t)$ の変化はどんどん緩やかになってしまう．同じことは (9.4.35) 式についても言える．実際の数値計算では，(9.4.4) 式や (9.4.35) 式のような緩やかな温度制御ではなく，例えば時間の指数関数のような急速な温度降下も使われることが多い．限られた時間内に近似解を求めることが目的なら，必ずしも数学的な定理で保証された条件にこだわる必要はない．

温度がべきで減衰する (9.4.4) 式と対数で減衰する (9.4.35) 式のどちらが本当に速いのか，もう少し詳しく考察してみる．(9.4.4) 式によって温度がごく低い値 δ に達するのに要する時間 t_1 は $b/t_1^c \approx \delta$（ただし $c=(q-1)/R$）より

$$t_1 \approx \exp\left(\frac{k_1 N}{q-1}\log\frac{b}{\delta}\right) \tag{9.4.36}$$

である．$R=k_1N$ とした．一方，(9.4.35) 式のときには $k_2N/\log t_2 \approx \delta$ より

$$t_2 \approx \exp\left(\frac{k_2 N}{\delta}\right) \tag{9.4.37}$$

*4 すべての状態に到達するのに要するステップ数は少なくとも系の大きさのオーダーである．

である．NP完全問題を含む一般的な最適化問題を取り扱っているのだから，低温に達するのに要する時間の N への依存性が指数関数であるのは不思議ではない．ただ，微小量 δ が t_1 には $\log\delta$ で現れるのに対し，t_2 では $1/\delta$ となっているから，N の係数に改善がみられるのである．

また，温度が十分低くなることは目的関数の値が小さくなることと必ずしも直結しない．$q \neq 1$ の受理確率 (9.4.3) は $T = \delta \ll 1$ では

$$u_1(T=\delta) \approx \left(\frac{\delta}{(q-1)\Delta f}\right)^{1/(q-1)} \tag{9.4.38}$$

であるが，$q = 1$ のときには (9.4.34) 式より

$$u_2(T=\delta) \approx \exp\,(-\Delta f/\delta) \tag{9.4.39}$$

である．$\Delta f/\delta \gg 1$ なら $u_1(\delta) \gg u_2(\delta)$ となり，同じ温度なら $q \neq 1$ の場合の方が高い目的関数値に向けての遷移が起きやすい．$q \neq 1$ の一般化された遷移確率を使うと，相当低温になっても状態空間を幅広く探索し続けるのである．逆に言えば，温度を一定に保って十分長時間経過した後に得られる平衡状態での目的関数の期待値を比べると，$q \neq 1$ の場合の方が大きくなるものと思われる．$q \neq 1$ の方が最適解により速く近づくと数値計算で報告されている理由は，おそらく $q \neq 1$ の場合の緩和時間が $q = 1$ より短いために，後者だと途中の極小状態に長時間とらえられてしまうときでも前者では素早く脱出できるためであろう．

9.5　1次元ポテンシャル中の拡散

一般化された遷移確率が最適解の高速な探索に結びつくかどうかは前節の収束証明だけからは必ずしも明らかではない．また，$q < 1$ の場合には収束証明もない．そこで本節では，1次元の拡散の問題に $q < 1$ の一般化された遷移確率を適用して，実際に $q = 1$ の通常の遷移確率よりはるかに速い緩和（最適解への収束）が実現することを示す．

9.5.1　1次元での拡散と緩和

$x = ai$（i は整数）で表される1次元上のとびとびの位置に粒子があるとする．

粒子はポテンシャル $f(x)=x^2/2$ を受ける．隣の位置 $i\pm1$ に移動するには，左向き $(i\to i-1)$ なら高さ B，右向き $(i\to i+1)$ なら高さ $B+\Delta_i$ の障壁を越えなければならないとする（図 9.4）．ここで Δ_i は隣り合う 2 点間のポテンシャルの差 $\Delta_i=f(a(i+1))-f(ai)=ax+a^2/2$ である．

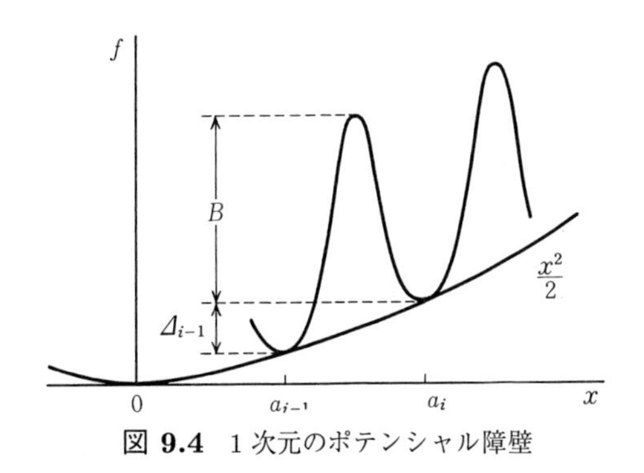

図 **9.4**　1 次元のポテンシャル障壁

粒子が時刻 t に位置 $x=ai$ にある確率を $P_t(i)$ とすると，一般化された遷移確率のもとでの $P_t(i)$ の変化は次のマスター方程式で記述される．

$$
\begin{aligned}
\frac{dP_t(i)}{dt} &= \left(1+(q-1)\frac{B}{T}\right)^{1/(1-q)} P_t(i+1) \\
&\quad + \left(1+(q-1)\frac{B+\Delta_{i-1}}{T}\right)^{1/(1-q)} P_t(i-1) \\
&\quad - \left(1+(q-1)\frac{B+\Delta_i}{T}\right)^{1/(1-q)} P_t(i) - \left(1+(q-1)\frac{B}{T}\right)^{1/(1-q)} P_t(i).
\end{aligned}
\tag{9.5.1}
$$

右辺第 1 項は，$i+1$ にあった粒子が障壁 B を越えて i にやってきて i に粒子が存在する確率が増大する過程を表している．第 2 項は $i-1\to i$ に，第 3 項は $i\to i+1$ に，第 4 項は $i\to i-1$ に対応する．ところで，(9.5.1) 式に出てくる遷移確率は正または 0 でなければならない．q を $q=1-(2n)^{-1}$ $(n=1,2,\cdots)$ に制約すると，べき $1/(1-q)$ は $2n$ だからこの条件が満たされる．

解析を容易にするために連続極限 $a\to0$ を取る．$\gamma(T)$ と $D(T)$ を

$$\gamma(T)=\frac{1}{T}\left(1+(q-1)\frac{B}{T}\right)^{q/(1-q)}, \quad D(T)=\left(1+(q-1)\frac{B}{T}\right)^{1/(1-q)} \tag{9.5.2}$$

と定義し，(9.5.1) 式の遷移確率を微小量 Δ_i, Δ_{i-1} $(\propto a)$ について 1 次まで展開すると

$$\begin{aligned}\frac{dP_t(i)}{dt} &= D(T)\left\{P_t(i+1)-2P_t(i)+P_t(i-1)\right\}\\ &\quad + a\gamma(T)\left\{xP_t(i)+\frac{a}{2}P_t(i)-xP_t(i-1)+\frac{a}{2}P_t(i-1)\right\}\end{aligned} \tag{9.5.3}$$

となる．a^2t を改めて t とし，$a\to 0$ の極限を取ると上式は Fokker-Planck 方程式の形になる．

$$\frac{\partial P}{\partial t}=\gamma(T)\frac{\partial}{\partial x}(xP)+D(T)\frac{\partial^2 P}{\partial x^2}. \tag{9.5.4}$$

目的関数の期待値 y の時間変化を調べよう．

$$y(t)=\int dx\, f(x)P(x,t). \tag{9.5.5}$$

T を t の関数として適切に制御し，y をできるだけ速く最小値 0 に近づけることが目標である．Fokker-Planck 方程式 (9.5.4) と (9.5.5) 式より，y の時間変化を記述する方程式が導出される．

$$\frac{dy}{dt}=-2\gamma(T)y+D(T). \tag{9.5.6}$$

y の減少率を最大化するには，各時刻で (9.5.6) 式の右辺を T の関数として最小化（負で絶対値最大化）する必要がある．$\gamma(T)$ と $D(T)$ の定義 (9.5.2) 式を使って (9.5.6) 式の右辺の T による微分を 0 とおくことにより，次式が得られる．

$$T_{\mathrm{opt}}=\frac{2yB+(1-q)B^2}{2y+B}=(1-q)B+2qy+O(y^2). \tag{9.5.7}$$

よって (9.5.6) 式は $y\approx 0$ で漸近的に

$$\frac{dy}{dt}=-2B^{1/(q-1)}\left(\frac{2q}{1-q}\right)^{q/(1-q)}y^{1/(1-q)} \tag{9.5.8}$$

という形に書け，その解は

$$y = B^{1/q}\left(\frac{1-q}{2q}\right)^{1/q} t^{-(1-q)/q} \tag{9.5.9}$$

となる．(9.5.7) 式に代入すると，最適な温度制御が

$$T_{\rm opt} \approx (1-q)B + {\rm const}\cdot t^{-(1-q)/q} \tag{9.5.10}$$

と求められる．(9.5.9) 式を見ると，$q = 1/2$ $(n = 1)$ のとき y の減少が最も速いことがわかる．このとき

$$y \approx \frac{B^2}{4}t^{-1}, \quad T_{\rm opt} \approx \frac{B}{2} + \frac{B^2}{4}t^{-1} \tag{9.5.11}$$

が得られる．

まったく同様の解析をマスター方程式 (9.5.1) で $q \to 1$ とした通常の指数関数の遷移確率から出発して行うと

$$y \approx \frac{B}{\log t}, \quad T_{\rm opt} \approx \frac{B}{\log t} \tag{9.5.12}$$

となる．(9.5.11) 式と (9.5.12) 式を比べると，$q = 1/2$ の前者の方が高速に最適解 $y = 0$ に漸近することが明らかになる．

(9.5.7) 式においては $T_{\rm opt}$ は $t \to \infty$ で有限値 $(1-q)B$ に漸近し，0 にならない．(9.5.1) 式に出てくる遷移確率は $q \neq 1$，$a \to 0$ では $T = 0$ でなく $T = (1-q)B$ で 0 になり，系の変化が停止する．$T = (1-q)B$ が実質的に絶対零度の役割を果たすのである．

参考文献

[1] 篠本滋，情報の統計力学，丸善，1992.

は非常にわかりやすく書かれており，全般的な入門書としてぜひ一読をお薦めする．

第1章で述べた相転移の詳細に興味があれば

[2] J. M. Yeomans, Statistical Mechanics of Phase Transitions, Oxford, 1992.

[3] W. ゲプハルト, V. クライ(好村滋洋訳)，相転移と臨界現象，吉岡書店，1992.

などを参照されたい．たいていの統計力学の教科書にもひと通りの記述がある．最近のものでは，例えば

[4] 川村光，統計物理，丸善，1997.

[5] 鈴木増雄，統計力学，岩波書店，1994.

[6] 宮下精二，熱・統計力学，培風館，1993.

第2章，**第3章**のスピングラスについての日本語の入門書としては

[7] 高山一，スピングラス，丸善， 1991.

[8] 小口武彦，スピングラスとは何か(物理学最前線 8)，共立出版，1984.

がある．より本格的に取り組むには

[9] M. Mézard, G. Parisi and M. A. Virasoro, Spin Glass Theory and Beyond, World Scientific, 1987.

[10] K. H. Fischer and J. A. Hertz, Spin Glasses, Cambridge, 1991.

[11] K. Binder and A. P. Young, *Rev. Mod. Phys.*, **58** (1986) 801.

[12] A. P. Young, Spin Glasses and Random Fields, World Scientific, 1997.

などを読むとよい．

第4章のゲージ理論に関しては

[13] 西森秀稔，スピングラスのゲージ理論(物理学最前線 21)，共立出版，1988.

に初歩的な解説があるが，詳細は原論文を参照されたい．

[14] H. Nishimori, *Prog. Theor. Phys.*, **69** (1981) 1169; **76** (1986) 305; *J. Phys. Soc. Jpn.*, **55** (1986) 3305; **61** (1992) 1011; **62** (1993) 2793.

[15] T. Horiguchi and T. Morita, *J. Phys. A*, **14** (1981) 2715.

[16] T. Horiguchi, *Phys. Lett. A*, **81** (1981) 530.

[17] Y. Iba, *J. Phys. A*, **32** (1999) 3875.

[18] H. Kitatani, *J. Phys. Soc. Jpn.*, **61** (1992) 4049.

[19] Y. Ozeki and H. Nishimori, *J. Phys. A*, **26** (1993) 3399.

[20] Y. Ozeki, *J. Phys. A*, **28** (1995) 3645; *J. Phys.* Cond. Mat. **9** (1997) 11171.

第 5 章以後の内容についての全般的な解説は次を見るとよい．

[21] 数理科学，特集「知識情報処理の統計力学的アプローチ」No.438 (1999 年 12 月号).

第 5 章の誤り訂正符号の概念になじみのない方は

[22] A. ヘイ，R. アレン（原康夫，中山健，松田和典訳），ファインマン計算機科学，岩波書店，1999.

の第 4 章が取っつきやすいだろう．教科書としては

[23] 大石進一, 例にもとづく情報理論入門, 講談社サイエンティフィク, 1993.

[24] 今井秀樹, 情報理論, 明晃堂, 1984.

[25] 有本卓, 確率・情報・エントロピー, 森北出版, 1980.

などがある．第 5 章で取り上げた内容とそれに関連した最近の発展についての論文を挙げておこう．

[26] N. Sourlas, *Nature*, **339** (1989) 693; *Europhys. Lett.*, **25** (1994) 159.

[27] H. Nishimori and K. Y. M. Wong, *Phys. Rev. E*, **60** (1999) 132.

[28] Y. Kabashima and D. Saad, *Europhys. Lett.*, **44** (1998) 668; **45** (1999) 97.

[29] 村山立人，物性研究，**72** No.6 (1999) 876.

第 6 章の画像修復については，統計力学の立場からの和文の入門書は今のところ見あたらないが，解説記事

[30] 田中和之，日本物理学会誌，**54** (1999) 25.

や，視覚情報処理やニューラルネットワークの立場からの解説書

[31] 平井有三，視覚と記憶の情報処理，培風館，1995.

[32] 川人光男，脳の計算理論，産業図書，1996.

[33] C. M. Bishop, Neural Networks for Pattern Recognition, Clarendon, Oxford, 1995.

が参考になるだろう．また原論文であるが

[34] J. M. Pryce and A. D. Bruce, *J. Phys. A*, **28** (1995) 511.

[35] J. Marroquin, S. Mitter and T. Poggio, *J. Am. Stat. Assoc.*, **82** (1987) 76.

なども比較的分かりやすく書かれている．またこの方向の最近の論文には次のようなものがある．

[36]　D. M. Carlucci and J. Inoue, *Phys. Rev. E*, **60** (1999) 2574.

[37]　田中和之，電子情報通信学会論文誌, **J82-A** (1999) 1679.

[38]　田中和之，守田徹，電子情報通信学会論文誌, **J80-A** (1997) 1033.

第 7 章のニューラルネットワークの初歩的な解説としては

[39]　西森秀稔，ニューラルネットワークの統計力学，丸善，1995.

がある．より専門的な本としては

[40]　J. Hertz, A. Krogh and R. G. Palmer, Introduction to the Theory of Neural Computation, Addison-Wesley, 1991.

[41]　T. ゲスチ(松葉巴也訳)，ニューラルネットワークの物理モデル，吉岡書店，1992.

[42]　D. J. Amit, Modeling Brain Function, Cambridge, 1989.

[43]　E. Domany, J. L. van Hemmen and K. Schulten(編), Models of Neural Networks III, Springer, 1995.

本書第 7 章の話題で，上記解説書に収録されていない最近の研究の原論文は次の通りである．

[44]　M. Shiino and T. Fukai, *Phys. Rev. E*, **48** (1993) 867.

[45]　S. Amari and K. Maginu, *Neural Networks*, **1** (1988) 63.

[46]　H. Nishimori and T. Ozeki, *J. Phys. A*, **26** (1993) 859.

[47]　M. Okada, *Neural Networks*, **8** (1995) 833.

[48]　G. Boffetta, R. Monasson and R. Zecchina, *J. Phys. A*, **26** (1993) L507.

第 8 章で取り上げた学習については，上記のニューラルネットワークの解説書や包括的な報告書

[49]　T. L. H. Watkin and A. Rau, *Rev. Mod. Phys.*, **65** (1993) 499.

を読めば 6, 7 年前までの状況について理解できる．本書の話題の原論文やそれに関連した最近の研究は次の通り．

[50]　Y. Kabashima and J. Inoue, *J. Phys. A*, **31** (1998) 123.

[51]　J. Inoue and H. Nishimori, *Phys. Rev. E*, **55** (1997) 4544.

[52]　J. Inoue, H. Nishimori and Y. Kabashima, *Phys. Rev. E*, **58** (1998) 849.

[53]　T. Uezu and Y. Kabashima, *J. Phys. A*, **29** (1996) L55.

第 9 章の最適化問題は [9] や [40] でも触れられている．また

[54]　広中平祐(編集委員会代表)，数理科学事典，大阪書籍，1991.

が最適化問題一般についての手頃な参考書である．各節の話題の原論文は次の通りである．グラフ分割問題については [9] に収録されている Fu と Anderson の論文，ナップサック問題は

[55] J. Inoue, *J. Phys. A*, **30** (1997) 1047.

シミュレーテッド・アニーリングの収束証明は，通常の遷移確率の場合についての

[56] 上坂吉則，ニューロコンピューティングの数学的基礎，近代科学社，1993.

を一般化された遷移確率に拡張した

[57] H. Nishimori and J. Inoue, *J. Phys. A*, **31** (1998) 5661.

によっている．1 次元ポテンシャルについては通常の遷移確率での議論

[58] S. Shinomoto and Y. Kabashima, *J. Phys. A*, **24** (1991) L141.

を拡張した上記 [57] によっている．なお，一般化された遷移確率については次の解説も見るとよい．

[59] 阿部純義，日本物理学会誌，**54** (1999) 287.

あとがき

統計力学の研究に関わるようになって20年以上の歳月が流れた．その間に統計力学自体の研究はほぼ成熟の段階を迎え，その思想的あるいは技術的な成果が多彩な対象に適用される時代に大きく転回してきたように見受けられる．

1960年代から1970年代にかけて登場したスケーリング理論やくり込み群理論により，統計力学の中心課題としての相転移と臨界現象の本質が空間的に一様な系に関してはほぼ解明された．そして1970年代の半ばから1980年代にかけて研究者の興味は，一様でない系の取り扱いに傾いていった．

特に，相互作用が系内の位置によって異なるスピングラスの問題は，従来の統計力学の対象と違って二重の意味でのランダムさが絡まっており，平均の概念を大幅に拡張するような新たな定式化を必要としたのであった．すなわち，エルゴード性を通じて時間平均をアンサンブル平均で置き換えるGibbs-Boltzmannの方法論に加えて空間平均の概念が導入され，それを具体化するための道具立てが整えられた．本書の第3章までで述べたレプリカ法とその物理的解釈がその中心にあった．その結果，きわめて複雑な構造を持った相空間の存在の可能性がSK模型の厳密な解析により示され，その洗練された解析技術の汎用性と相まって1980年代の半ば以後，統計力学の地平が大きく拡大する原動力となった．本書の構成はこのような歴史的な背景を念頭に置いている．

時代の転回点に巡りあい，それに多少なりとも参加することのできる幸運に感謝しつつ筆を置く．

索　引

I

J

K

L

M

N

O

P

R

S

T

U

X

Y

Z

■岩波オンデマンドブックス■

新物理学選書
スピングラス理論と情報統計力学

1999年11月25日　第1刷発行
2007年7月25日　第4刷発行
2016年2月10日　オンデマンド版発行

著　者　西森秀稔（にしもりひでとし）

発行者　岡本　厚

発行所　株式会社　岩波書店
〒101-8002　東京都千代田区一ツ橋2-5-5
電話案内　03-5210-4000
http://www.iwanami.co.jp/

印刷／製本・法令印刷

ISBN 978-4-00-730365-4　　Printed in Japan